冲榜！

苹果应用商店优化（ASO）实战

爱比数据　组编

李竞航　霍晓亮　刘子畅　等著

机械工业出版社

本书以当今备受关注的苹果应用商店优化（ASO）和苹果搜索广告（Apple Search Ads）为主题，全面系统地介绍苹果应用商店优化（ASO）的思路和方法，包括 App Store 的搜索优化、转化率优化、人工干预优化、榜单优化、App Store Connect 的使用、如何与苹果官方打交道，并特别介绍了越来越重要的苹果搜索广告的优化。

本书介绍了大量的 ASO 实践技巧。在论述原理方法的同时通过案例加以说明，解决应用商店优化时遇到的各类实际问题，并且带给读者更多解决问题的思路。

本书可作为从事 App 运营和推广人员的实用工具书，也可以作为学习 App 运营推广方面的培训教材。

图书在版编目（CIP）数据

冲榜！：苹果应用商店优化（ASO）实战 / 爱比数据组编；李竞航等著.
—北京：机械工业出版社，2018.10
ISBN 978-7-111-60752-6

Ⅰ．①冲⋯　Ⅱ．①爱⋯　②李⋯　Ⅲ．①移动终端－应用软件－程序设计　Ⅳ．①TN929.53

中国版本图书馆 CIP 数据核字（2018）第 194517 号

机械工业出版社（北京市百万庄大街 22 号　邮政编码 100037）
策划编辑：王　斌　　责任编辑：王　斌
责任校对：张艳霞　　责任印制：常天培
北京铭成印刷有限公司印刷
2018 年 10 月第 1 版・第 1 次印刷
169mm×239mm・16.5 印张・295 千字
0001－4000 册
标准书号：ISBN 978-7-111-60752-6
定价：59.00 元

凡购本书，如有缺页、倒页、脱页，由本社发行部调换

电话服务　　　　　　　　　　　网络服务
服务咨询热线：（010）88361066　　机工官网：www.cmpbook.com
读者购书热线：（010）68326294　　机工官博：weibo.com/cmp1952
　　　　　　　（010）88379203　　教育服务网：www.cmpedu.com
封面无防伪标均为盗版　　　　　　金　书　网：www.golden-book.com

作者序

　　史蒂夫·乔布斯在大众眼里是企业家、苹果教父、天才，甚至是英雄，但是对我而言，不止于此，乔布斯是改变了我人生轨迹的一个人。

　　当年我大学学的是"室内设计"专业，毕业后按照家人的心愿进入了国企，从事工程管理方面的工作。凭借自己的努力加上一定的机遇，工作三年就成为了项目经理，赶上过非典工程，参加过奥运工程，也在北京 CBD 盖过高达百米的大厦，并且通过严格考试成为了国家注册一级建造师，如果一路继续走下去，在建筑行业发展前途还是很光明的。

　　直到有一天（当然是很久以前啦）我很偶然地被 iPhone 的神奇所震惊到！iPhone 漂亮的外观竟然没有实体键盘，高清的触控大屏幕尽竟然能用手指触控，流畅的操作系统竟然还可以安装各种各样的应用程序，简直颠覆了人们对手机的认识！惊叹之余，我特别想了解是谁创造了 iPhone 这个神奇的产品，也就从此痴迷于乔布斯的传奇故事，并由此一下子唤回了自己事业发展的初心——从事计算机行业（我当年高考报志愿全是计算机专业，但是由于没考好只能服从分配，幸好学的也是我比较喜欢的设计工作）！我觉得应该找回真正的自我，继续自己对计算机的兴趣，像史蒂夫.乔布斯那样去改变世界！互联网无疑是当时进入 IT 产业最好的选择，于是我抛弃以往在建筑行业的一切成绩，重新归零，以新人姿态迈入了互联网行业，并在在很多朋友的帮助下，专注在移动互联网运营的方向，由此对 Apple Store 的营销推广有了一番心得（这也是编写本书的基础）。

　　我一直想要把苹果应用商店优化、运营方面的心得分享给大家，这一想法得到了一群小伙伴的鼎力支持，并最终在大家的共同努力下写就了本书。这些小伙伴是：和我一起做运营工作的霍晓亮、刘子畅，做数据分析的梁腾飞，还有国内第一代从事 iOS 开发的工程师王伟，以及超级无敌的全站工程师张杰。他们为本书付出了大量的个人时间和精力，在此特别表示感谢！没有他们的支持就没有这本书。特别要感谢本书的主要参与者——工作认真、勤奋的霍晓亮，在本书写作过程中，他不厌其烦地在每一次苹果调整政策时复核并更新本书的内容，特别为他点赞！当然还要感谢我的老东家：爱比数据。

从受到乔布斯的感召做出转行的决定到现在，一路走来已有 5 年，乔布斯绝对是我最重要的精神支柱之一（还有海贼王和数不尽的励志电影），甚至一定程度上超过了我的家人（因为很多事我怕他们担心都瞒着他们，估计很多人都是这样吧，对家人报喜不报忧，当然全世界最爱我的家人也是我前进的动力）。就像海明威在《老人与海》中说的，一个人可以被毁灭，但不能被打倒。乔布斯就是这样，几经起伏但依然屹立不倒，为梦想付出一切。他的故事，他的精神一直激励着我一路前行。他的造物为人类的生活带来了革命性的创新、新奇愉悦的体验，更令我们顶礼膜拜。

我们怀念并纪念乔布斯，更在于他拥有的那种全人类共同珍视和稀缺的财富：创新精神和富有想象力的心灵。

这本书选择在 2018 苹果秋季发布会前后面市，也是希望向已逝去的史蒂夫.乔布斯和他一手创建的伟大企业苹果公司致敬！

我也想改变世界，而且我正在为之而努力着！

李竞航

前　　言

无需赘言，我们已经彻底地进入了移动互联网时代。

在移动互联网时代，互联网行业的从业者对两个词一定很敏感：一个是流量，一个是入口。谁掌握了流量，谁把握了入口，谁就在移动互联网时代占得了先机。而App，就是移动互联网时代一个最重要的流量入口，一个数字就能说明问题：目前的移动互联网流量中，由各种App产生的流量已经占到了全网流量的70%以上！

通过App这个入口能够带来巨大流量，无论是对众多App的开发者来说，还是对众多从事移动互联网营销的运营者来说，这都是显而易见的。事实上，随着App在移动互联网运营中的重要性日益凸显，作为App的主要分发渠道——应用商店，业已成为广大App开发者们的必争之地。那么问题来了：

无论是在iOS平台还是Android平台上，App的数量都已达几百万个之多，不管什么类型的App，都要和几十甚至成百上千个的同类App进行竞争，争夺那有限的展示位，此种情形下，我的App怎么能够脱颖而出？

慢慢地大家已经开始意识到需要针对应用商店去做优化工作了，而且是迫在眉睫，否则我们的App将变得无人问津，但似乎一时又没有什么套路可寻，投放费用不少，但成效一般，甚至在我的App出现问题时，都不知道如何与苹果官方打交道！

上述这些问题已经涉及了移动互联网一个全新的领域——面向应用商店（App Store）的优化，也就是ASO（App Store Optimization）。了解、掌握这个领域的一系列知识和方法，上述的各种问题就可以迎刃而解，App的引流从此尽在掌握。事实上，广大移动互联网领域的同行们已经在日趋重视ASO的应用。

为了让更多的从业人员能深入地了解ASO，我们将这些年从事ASO工作所总结的经验和所需的知识和规则全数整理出来，把大量碎片化的技巧和方法系统化地呈现，写就了这本书，书中介绍了很多不广为人知的ASO的方法、思路和建议，可谓倾囊相授。希望通过这本书能够帮助到更多的朋友，把握住App引流这个入口，冲榜成功，实现效益最大化！

这是一本全面系统介绍 ASO 理论与实践的实用案头工具书，主要包括以下内容：

第一部分（Part 1）带领大家全面地认识 App Store，并且介绍了 ASO 是什么，App Store Connect 是什么，做什么用的；

第二部分（Part 2）为大家细致深入地介绍了 ASO 的具体方法，包括如何为 App 获取 App Store 的精品推荐，ASO 的基础优化，人工干预的优化，并且还具体地介绍了 App Store Connect 的使用及其他更多的 ASO 高级"玩儿法"，这一部分是本书的核心内容之一；

第三部分（Part 3）则向大家特别介绍了当下比较热门的苹果搜索广告优化的思路和方法，让大家先人一步了解海外苹果搜索广告的玩法和我们总结和挖掘出来的一些高阶玩法；

本书最后的附录部分还附有 App Store 相关的行业报告，对于从事 App 开发与运营，从事 ASO 工作的朋友们来说也是非常有价值的内容。

本书由李竞航发起，并组织爱比研究院成员霍晓亮、刘子畅、梁腾飞、王伟、张杰共同著写。此外，本书的策划编辑王斌（IT 大公鸡）对书的内容及结构提供了很多有价值的意见和建议，并对书稿进行了认真的审读，在此特别感谢！

随着移动互联网的不断发展变化，ASO 本身也在不断发展变化，ASO 已经经历了从开始的单一外部干预，向着深度研究苹果规则的内部优化，最终内部、外部结合起来进行优化的演进过程。各种优化方法的效果也在随着苹果自身算法的不断升级调整而变化。另一方面，目前 ASO 服务的提供商服务质量参差不齐，有时方法运用不当还会起到反作用，甚至受到苹果官方的惩处，使得 App 开发者蒙受不小的损失，严重地危害了本行业的健康发展。

所以我们也希望借这本书能够正本清源，希望苹果应用商店的生态健康发展，并抱有更加开放的态度，希望 ASO 能够真真切切地发挥出作用。衷心地期待这本书能够有助于大家用更理性、更健康的态度去合规地运用 ASO 进行 App 的推广！

作者

目　　录

Part2　苹果应用商店优化（ASO）　　041

Part1

认识 App Store 及其优化

ASO 是指 App Store 优化，作为 App 在 App Store 最高效的推广手段，已经成为移动互联网运营、推广人员必备的技能之一。ASO 优化方式多种多样，优化内容涵盖 App 的各个方面，伴随一个 App 从上架到下线的整个生命周期。

本篇内容主要介绍 ASO 的唯一载体——App Store，了解 App Store 中 App 的展示形式，有利于开发者明确 ASO 目标；介绍 ASO 及其主要手段，使开发者对 ASO 有初步了解；介绍 App Store Connect ——App 的管理平台，它是 ASO 的重要辅助工具。

通过本篇内容的学习，开发者能够对 ASO 及苹果搜索广告优化有基本的了解。

第 1 章

了解 App Store（苹果应用商店）

　　App Store（苹果应用商店）是基于苹果设备的应用市场，也是 ASO 优化的唯一载体，了解 App Store 是学习 ASO 的基础。App Store 从 2008 年上线以来至今，经历了多个版本迭代。本章主要介绍 App Store 以及 2017 年 9 月推出的 iOS 11 版本的 App Store。通过对 iOS 12 测试版的测试，我们发现 iOS 12 与 iOS 11 两个版本的 APP Store 并无明显改变。

1.1　App Store 概述

1.1.1　App Store 简介

　　App Store 为 Application Store 的缩写，即苹果应用商店，是基于苹果设备的应用市场，是个人、公司开发者向用户发售 App 的平台。iPhone、MacBook 等苹果设备都有自己独立的 App Store。App Store 于 2008 年 7 月 11 日正式上线，2010 年 10 月 26 日面向中国用户推出了 Apple Store 在线商店。本书所指的 App Store 默认为基于 iPhone 设备的 App Store。

1.1.2　App Store 运行模式

　　App Store 是在其中所销售的 App 的唯一下载渠道，App 仅能够适用于安装有苹果 iOS 操作系统的特定硬件终端设备。App Store 打破了传统的经营模式，开创了全新的 iPhone+App Store（产品+服务）模式。该模式中，主要存在三方参与主体：苹果公司、开发者和用户。

苹果公司作为 App Store 的提供者，处于主导地位，作为 App Store 的控制者与 App 的审核者，苹果公司拥有包括政策、规则制定和修改的决策权，平台上所有销售的 App 都必须经过苹果公司的唯一认证，其上线审核机制非常封闭。其次，开发者开发的 App 仅能通过 App Store 才能够发布，发布过程受到苹果公司规则的严格限制，开发者必须与苹果公司签署包括《App Store 审核指南》《已注册的 Apple 开发者协议》等一系列的审核协议。另外，App Store 上的 App 仅能够通过用户注册账户下载到特定的账户设备，而不能在设备间相互复制。此外，苹果公司还会帮助开发者了解用户最近的需求，公开数据分析资料并指导开发者对 App 进行定价。

第三方开发者要开发 App 并在 App Store 销售，首先必须在苹果公司的官方网站上支付每年 99 美元或 199 美元的服务费注册开发者账号，同意并与苹果公司签署一系列协议以获得在 App Store 发布 App 的资格。

用户则必须在苹果官方网站上注册一个 Apple ID，并且与一个信用卡账号（或其他第三方支付工具）进行绑定，用以在 App Store 购买 App 时的交易结算，该结算并非直接和开发者结算，而是由苹果公司统一负责收费，再定期结算给 App 开发者。根据 AppBi（AppBi 是一个第三方的苹果搜索广告智能竞价和数据分析平台）统计，2018 年 3 月，App Store 所售 App 中付费 App 约占 13.3%，免费 App 约为 86.7%。用户购买 App 所支付的费用由苹果公司与第三方开发者以 3∶7 直接固定比例分配收益。

1.1.3　App Store 的作用

App Store 的出现不仅为第三方开发者提供了一个可以自由销售的平台，而且创造了一个由平台提供商拥有并将网络和移动终端设备融合在一起的数字市场。通过 App Store 对应苹果公司终端设备的这个单一下载渠道，增加了用户对苹果公司产品的黏度。同时，也为众多 App 开发者提供了一个创业的平台。而用户则得到了更为人性化、更贴合需求的服务。

App Store 获得巨大成功之后，全球各终端手机商、操作系统提供商、电信运营商以及互联网公司纷纷推出自己的在线应用商店，包括诺基亚的 Ovi Store，微软的 Windows Marketplace 以及中国移动的 Mobile Market（MM 平台）等，在线应用商店已经成为一种趋势。

1.2 iOS 11/12 版本的 App Store 特性

2017 年 6 月 6 日凌晨，WWDC 苹果开发者大会于北京时间在美国圣何塞开幕，大会主要发布了最新的 iOS 11、macOS 10.13、tvOS、watch OS 系统，同时大会还公布了一则震动业内外的消息——伴随着 iOS 系统的更新，App Store 迎来九年来首次换装升级，包括全新的设计界面和功能板块，升级后的 App Store 页面如图 1-1 所示。

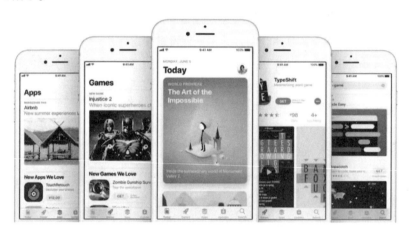

图 1-1　App Store 全新的设计页面

2018 年 4 月 22 日，苹果公布了一组数据"iOS 11 系统设备的安装率已经达到了76%"，也就是说大部分 iPhone 用户都已经在使用 iOS 11 版本的 App Store。

1.2.1　全新的界面设计

在新版的、基于 iOS 11 的 App Store 中，App 的展示方式由以往的"精品推荐""类别""排行榜"更新为"Today""游戏"和"App"标签页，如图 1-2 所示。其中，"Today"采用卡片式的设计，涵盖独家首发、最新发布、热门 App 新玩法、每日 App 推荐、每日游戏推荐等多方面的内容，并对展示形式进行重新排版，文字、图片和视频等内容经过精心编排更具媒体化和现代化特色。用户每天可以查看近七天的卡片详情，浏览 Today 内容如同阅读杂志一般赏心悦目，以故事的形式向用户分享 App 如何影响乃至改变了人们的生活、学习、工作和娱乐方式。

图 1-2　iOS 10 版本的 App Store 与 iOS 11 版本的 App Store 的比较

除了明显的标签页面大改版外，还有一些细节之处的改变，例如，新版的 App Store 里，App 展示的截图依然全部为矩形，但有一处小细节就是矩形的四个角由以往的 90 度直角改为略有弧度的圆角（如图 1-3 所示）。

图 1-3　iOS 10 和 iOS 11 App Store 展示细节的不同

无论是硬件产品还是软件产品，圆角设计已经逐渐成为符合需求和标准的大趋势，这是因为从视觉角度而言，眼睛更容易接受圆角矩形而不是直角矩形。这也同样是 App Store 出于更好的用户体验而设计的。

1.2.2　更加突出游戏内容

"游戏"与"App"首次分开为两个页面进行展示（如图 1-4 所示），更加方便用户找到自己喜欢的游戏。随着手游行业的迅速发展，游戏类 App 深受广大用户的青睐。因为游戏与其他 App 相比具有其独特性，所以国内很多应用商店都将游戏和App 分离展示。App Store 也随着 iOS 11 的更新将"游戏"与"App"分离展示，以提供更好的用户体验。

图 1-4　"游戏"和"App"页面

在"游戏"和"App"各自页面内，App Store 会主推有限时优惠或重大更新的 App，同时会推荐一些同一主题类型的游戏或 App，如图 1-5 所示。值得一提的是，新版 App Store 取消了畅销榜的展示，仅展示付费榜和免费榜，且每个榜单在主页仅显示 3 款游戏，点击"查看全部"或左右滑动可以查看更多，如图 1-6所示。

图 1-5 游戏、App 页面限时优惠与主题推荐

图 1-6 游戏和 App 页面付费排行和免费排行

1.2.3 全面的产品页面

针对具体 App 产品的页面形式也有所更新，重点呈现下载 App 时的信息，除

App 的相关描述外，还包括榜单排名、评分、评论等信息（如图 1-7 所示）。同时，每个 App 都可以最多添加 3 个自动播放的短视频来介绍产品的更多细节，因此用户可以清晰地看到某款 App 如何运作或观看某款游戏怎么玩。副标题描述里可以看到简短的一句话或几个词，用以介绍 App 的核心功能和特点。此外，在推荐描述中可以查看关于该款 App 的最新消息，例如及时推广信息、限时活动和新版发布等。

1.2.4 推广 App 内购买项目

在旧版 App Store 中，只有用户下载某款 App 后才可以查看 App 内购买项目（是指用户可以在 iOS 设备上的 App 中进行购买的额外内容或订阅。如爱奇艺的 VIP 会员；梦想小镇的"一保险箱现金"等）。而在全新的 App Store 中（iOS 11 及 iOS 12 版本），用户可以直接在 App Store 发现并购买 App 内购买项目的内容（如图 1-8 所示），这样在还未下载 App 前就可以让 App 内容获得曝光率和参与度。开发者最多可以在 App 的产品页面上推广 20 项 App 内购买项目，包括订阅。App 内购买项目也可以出现在搜索结果页，将由苹果的编辑团队来自主推荐。

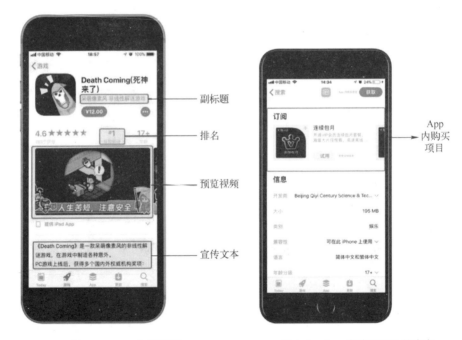

图 1-7 App 产品页面　　　　图 1-8 App 内购买项目的内容

1.2.5 更强大的搜索功能

App Store 此次重大更新的另一亮点是加强了搜索功能（如图 1-9 所示），通过包括编辑故事、提示和技巧，以及精选榜单的扩展搜索结果，用户查找各种内容都会变得更容易。App Store 每周均有上亿的搜索量，65%的 App 下载都由搜索带动。因此，此次 App Store 的重大变革将搜索结果更加优化，方便用户搜索到喜欢的 App。

图 1-9 App Store 搜索页面

App Store 伴随着 iOS 11 的到来迎来了九年来首次重大更新，此次更新后，新增的 Today 标签页和增强的搜索功能都备受瞩目。可以发现，作为苹果打造的一个"生态系统"，App Store 越来越弱化榜单的作用，同时越来越重视内容和用户体验。

2018 年 6 月的 WWDC 上，苹果发布了 iOS 12 操作系统，目前 iOS 12 尚未正式上线，只有针对开发者的测试版本。经测试 iOS 12 版本的 App Store 与 iOS 11 版相比并无明显改变。

1.3 App Store 内的流量分析

苹果官方将 App Store 流量来源分为浏览流量和搜索流量，根据数据统计，"目前 70%的 App Store 访问者使用搜索来发现 App，65%的 App 下载量来自 App Store

的搜索引擎"。由此可知，另外 35% 的 App 下载量来源于页面浏览。

1.3.1　App Store 浏览流量

App Store 浏览流量是指用户在浏览 App Store 时首次查看或点击下载了某款 App。其中包括："Today"（iOS 11、iOS 12）、"精品推荐"、"类别"（iOS 10）、"排行榜"等模块（如图 1-10 所示）。这几个部分的具体内容在第 4 章和第 8 章有详细介绍。

图 1-10　App Store 中"浏览入口"和"搜索入口"

App 的浏览流量具有以下特点：

1）流量爆发集中，能够在一段时间内吸引大量下载用户。

2）无法把控展示时间，持续时间非常有限。

3）有一定不确定性，需要依赖 Apple 编辑部门对 App 给予的展示位。

1.3.2　App Store 搜索流量

App Store 搜索流量是指通过 App Store 中的"搜索"页面，首次查看或点击下载了某款 App。包括 App Store 从热门搜索引入的搜索流量和搜索中的广告流量（Apple Search Ads），如图 1-10 所示。

搜索流量具有以下特点：

1）流量相对缓慢，平稳。

2）需要长期维护。

3）关键词竞争激烈。

4）依赖用户行为。

基于 iOS 8、tvOS 9 或更高版本系统运行的设备，才可以区分用户的流量来源，并且可以通过 App Store Connect（原名为 iTunes Connect，简称 iTC，2018 年 6 月更名为 App Store Connect，是 App 的管理后台，有关 App Store Connect 的使用，参见后续章节的相应内容）进行查询，这样就可以准确地区分开产品在 App Store 中获取用户的来源方式。

了解 App Store 的流量分布及构成比例，能指导开发者选择适合、正确的 App Store 内的推广方式。例如，生命周期短的 App 尽量利用展示部分的流量可以达到快速集中的爆发，使得 App 可以快速地完成获取用户的目的；生命周期长的 App 就需要更为重视搜索流量，并且需要一个长期心态进行运营。

第 2 章

App Store 优化（ASO）概述

App Store 优化，即 ASO（App Store Optimization），是开发者通过提升 App 在 App Store 中的各项指数，从而获取用户的"传统方式"。从 2016 年 9 月开始，苹果陆续向欧美七国开放了搜索广告服务，这种全新的用户获取方式受到了开发者的追捧。本章以 App Store 优化和苹果搜索广告优化为基础，重点介绍其原理及优势。

2.1 什么是 App Store 优化（ASO）

2.1.1 ASO 的内涵

不同的从业者对于 ASO 都有不同的理解，关于 ASO，行业内并没有明确的定义。通常，ASO 的内涵可分为广义和狭义两种。广义的 ASO 是指 App Store 优化（App Store Optimization），是利用 App Store 运营机制、用户行为习惯和外部干预的方式，逐步地提升 App 在 App Store 中的各项指数，最终实现获取量提升的过程。狭义的 ASO 则是指 App Store 搜索优化（App Store Search Optimization），是利用 App Store 搜索排名规则有计划地提升 App 展示量和转化率的过程。

伴随着移动互联网的发展，2012 年 ASO 首先在美国等海外地区兴起，随后被引入到中国并受到开发者的关注。ASO 作为新兴市场还没有建立起完整的体系，从目前 ASO 的发展来看，其大致经历了以下几个阶段：

第一阶段，ASO 在中国市场出现。应用雷达（www.ann9.com）是国内 ASO 领域早期的开拓者，为国内开发者普及了 ASO 的重要性。早期 ASO 主要通过大量堆砌关键词的方式优化搜索排名，提升 App 展示量。

第二阶段，利用 App Store 的算法及运行机制，机刷工作室开始兴起，开发者更加关注榜单排名和搜索结果排名优化。

第三阶段，钱咖、应用试客等积分墙发布，受到主流 App 的推崇。ASO 向多种优化方式并存的方向发展，并开始形成一定的体系。

2.1.2　为什么要做 ASO

1. 有利于提升 App 在 App Store 中的展示机会

众所周知，App Store 是 iOS 开发者发布 App 的唯一正规应用商店。根据苹果公布的数据，在 App Store 上发布的 App 早已突破 200 万款，并且这一数字仍然在不断增加。而 App Store 中展示位却十分有限，并不是每一款 App 都有机会展示出来，开发者可以通过 ASO 的方式来优化浏览展示和搜索展示，从而获取更多、更好的展示机会。

2. 便于用户轻松发现自己的 App

App Store 是 App 的主要载体，开发者通过 App Store 发布 App，用户则通过 App Store 来查找、搜索并下载某一款 App。因此，对于开发者来说，App Store 是最重要的流量入口，不容忽视。

当用户产生下载需求后便会在 App Store 中查找能满足需求的 App，响应用户需求的最常见的途径就是浏览和搜索。苹果官方统计数据显示，一款 App 60%的下载量都来自于满足用户搜索的需求，所以搜索优化在 ASO 中极为重要。当然，浏览的方式也会让一部分用户发现某一款 App，并且通过精品推荐下载 App 的占比会越来越高。因此，全面、系统的 ASO，会让用户更为轻松地发现开发者自己的 App。

3. ASO 运行机制相对成熟，投入回报率高

与其他渠道推广方式不同，ASO 是利用 App Store 运行机制和规则提升 App 下载量。开发者只需熟悉 App Store 规则，关注 App Store 动态，合理利用其运行方式来进行 ASO，就能有效提升 App 下载量，甚至可以在不花任何推广费用或者花费极

少的情况下达到理想的推广效果。例如现在广大开发者熟知的标题、副标题、关键词的优化，就是充分利用 App Store 的规则，以使得 App 元数据不但丰富而且匹配度高，从而影响 App 展现的结果。

2.1.3 ASO 的目的

ASO 的最终目的是提升 App 在 App Store 的下载量（获取量），阶段性目标是提高 App 的展示量，点击、下载转化率。根据公式：

$$下载量=展示量×下载转化率$$

可以将 ASO 拆分为两个部分，即展示量优化和转化率优化。这两个部分相互结合，又各自有不同的优化目标和方式，开发者在实际优化过程中应根据实际需求选择不用的优化方式。

2.1.4 ASO 的对象

一般来说，ASO 的研究对象分为三个层面，一是 App Store 的展现形式，也就是 App Store 内部包含的多级页面和模块（如图 2-1 所示），优化的目的是获得更多的浏览流量；二是 App 本身的优化，优化的目的是为了让 App 更好适应 App Store 的规则实现某些优化手段；三是 App Store 的内部、外部规则，内部是依托于 App Store Connect 进行优化，外部是通过外部因素影响来完成的，目的是提升 App 元数据和行为数据等数据的质量。这些层面具体到 ASO 的不同优化方式中，还可以将 ASO 对象分为以下几个方面。

图 2-1 App Store（iOS 11 版）中的展示位

1．展示量优化的对象

iOS 10 系统中的 App Store 展示位分为精品推荐、类别、排行榜、搜索四个页面。iOS 11 以及 iOS 12 中 App Store 的主界面取消了"类别"和"排行榜"菜单，更新为"游戏"与"App"，同时"精品推荐"调整为"Today"；导航栏中，"搜索"与"更新"两个页面互换位置。这些能够为 App 带来展示量的页面便是展示量优化的主要对象。

（1）精品推荐

iOS 10 版本的 App Store 精品推荐为"精品推荐"页面和"类别"页面。精品推荐页面包含 Banner 推荐、热门推荐、合辑推荐等多种展示形式，类别页面则主要为各类 App 的精品推荐。

iOS 11 以及 iOS 12 的 App Store 精品推荐包括 Today 页面和游戏、App 页面中的推荐模块。Today 页面采用卡片式形式，每天展示四张卡片式内容，每天的主题内容各不相同，一般包括：专题、今日 App、今日游戏、独立佳作、小众精选等。介绍内容以文字为主，辅以 App 相关视频或图片。"游戏"与"App"首次分开两个页面进行展示，更加方便用户找到自己喜欢的游戏。这两个页面中也包含有多种形式的精品推荐模块。

（2）榜单

iOS 10 版本的 App Store 榜单单独占据一个页面，可根据不同的分类查询付费榜、免费榜和畅销榜。每个榜单仅展示排名前 200 名的 App。iOS 11 以及 iOS 12 的 App Store 的榜单则隐藏在"游戏"和"App"页面中，并且取消了畅销榜的展示，仅展示付费榜和免费榜。

（3）搜索

iOS 11 以及 iOS 12 的 App Store 的搜索结果不再是千篇一律的 App 列表，还增加了开发者名片、类别、卡片与故事推荐、内购项目推荐等内容。这些都是搜索优化的重要内容，对搜索结果影响最大的是能够生效为搜索关键词的 App 元数据——App 名称、副标题、关键词、开发者名称、分类和内购项目名称等。

以上 App Store 中的所有展示位可以归结为三大类——精品推荐、榜单、搜索，ASO 优化主要围绕这三大块内容展开。

2．转化率优化的对象

转化率是指一款 App 从被用户发现到点击进入产品页面到最后下载 App 的转化

比率。通常将转化率分为点击转化率（点击量/展示量）和下载转化率（下载量/点击量）。转化率优化是指通过优化 App 元数据，提升点击率和下载率的过程。

用户通过 App Store 中的各个展示页面查找到一款 App 后，能否下载安装还是一个未知数。搜索结果页面和 App 产品页面中的每一个元素都可能驱动用户下载 App 或者离开。这些元素包括 Icon、App 名称、副标题、评论、截图、宣传文本、应用描述和评论等内容。

在没有特殊说明的情况下，ASO 是以 App Store 为载体的，但是对于国内开发者来说，广义的 ASO 还包括纷繁复杂的 Android 应用市场优化，如国内的腾讯应用宝、豌豆荚、小米应用商店、魅族市场，国外的 Google Play 等，这些不在本书探讨范围之内。

2.1.5 ASO 的原理

ASO 是通过掌握 App Store 的运行规则，对 App 各个维度数据进行影响，导致算法结果在一定程度内的可控性，使 App 在 App Store 中的展现位置在空间和时间维度都获得一定程度的质和量的提升，最终达到提升展示量、点击量和下载转化率的目的，为 App 带来更多用户甚至是直接产生付费行为的优化过程。ASO 的原理研究方向分为两个方面。

1. App Store 生态

App Store 中的各项算法，例如榜单排名算法、搜索排名算法、账号权重算法以及各项数据的更新时长、算法的调整方式等，开发者需要找出各项算法中影响力最高的因素或最容易控制的因素，以便确定优化方式与目标。

App 所产生的数据源，主要是元数据和行为数据，通过改善数据，改变算法产生的结果，从而影响到优化目标。

苹果工作、审核标准以及人为判断的因素，例如，苹果对优秀 App 的审核标准等，都值得关注了解。

2. 用户行为

用户的行为习惯，如用户查找 App 的方式，付费行为发生的关键因素，这都是需要开发者研究的用户行为。用户的心理需求，如大众审美取向、用户对功能形式的喜好等，是否满足了用户精神需求，直接决定了 App 的下载转化。

ASO 过程中，App 的各项数据应尽量符合用户行为习惯和心理需求，才能够赢得大众用户的认可，让用户对 App "一见钟情"，为 App 带来自然下载。

以上大多数细节苹果从未公开，更多的是需要开发者长期关注、研究，积累相关的经验。

2.1.6　ASO 的方法

1．展示量优化

（1）获取精品推荐

精品推荐可通过苹果为开发者开放的链接来进行申请。申请方法虽比较单一，但了解苹果小编的青睐风格、被推荐 App 的共性以及申请注意事项，能够大大提升申请成功的概率。详细内容参见本书第 4 章相关内容。

（2）搜索优化

搜索优化是利用 App Store 的搜索规则来提升 App 在有关搜索结果中的展示和排名的 ASO 方式。具体优化方法是通过重组 App 名称、副标题、关键词等能够被 App Store 搜索引擎索引的字段，提升 App 能够被用户查找到的几率；并利用人工干预的方式，提升 App 在特定搜索关键词下的搜索结果排名。详细内容参见本书第 7 章相关内容。

（3）榜单优化

下载量是影响 App Store 榜单排名最重要的因素，榜单优化则是利用这一规则，通过人工干预或运营活动的方式在时间段内吸引大量用户下载，从而达到预期排名的过程。

增加某个时间段内 App 的下载量是榜单优化最主要的目标，除此之外，还可以通过更换 App 分类等方式实现优化榜单的效果。对于榜单优化，不同的推广方式效果差异也很明显。详细内容见本书第 8 章相关内容。

以上优化方式中，精品推荐可控性不强，榜单逐渐被 App Store 弱化，对于开发者来说搜索优化是可控性最强、操作最简便、效果最明显的优化方式，也是本书介绍的重点。

2．转化率优化

转化率优化的对象很丰富，针对不同的优化对象形成了不同的优化方法。详细内容参见本书第 6 章相关内容。

2.2　什么是苹果搜索广告优化

2.2.1　什么是苹果搜索广告

1．苹果搜索广告的内涵

搜索广告（Search Ads）是苹果官方设置在 App Store 中的竞价广告，它在特定关键词搜索结果首位展示（iPad 为右上角），每次搜索仅展示一个广告位，用户可以通过点击广告下载相应的 App。苹果搜索广告展示页面有特殊的标识——蓝色背景和"Ad"字样的图标，如图 2-2 所示。

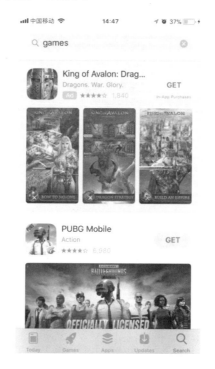

图 2-2　搜索广告蓝色背景与 Ad 标识

苹果搜索广告的研发开始于 2016 年 4 月，有媒体传出苹果组建秘密团队探索 App Store 改革方案，包括向 App 开发者收费，即 App Store 中的竞价广告，并将原有 iAd 团队纳入此项目。2016 年 6 月，在 WWDC 上苹果正式公布了搜索广告业务，并在暑期邀请开发者进行测试。2016 年 9 月 29 日，苹果在美国正式上线搜索广告（Apple Search Ads）服务。2017 年 4 月 25 日，新开放英国、澳大利亚、新西兰三个国家的广告服务。2017 年 6 月 5 日，WWDC 在美国圣何塞召开，此次大会推出 iOS 11 系统和全新的 App Store，其中新版本 App Store 中 App 搜索结果页面与搜索广告展示页面调整为同样的形式。2017 年 10 月 17 日搜索广告开放地区新增墨西哥、加拿大、瑞士三个国家，同时公布了未来可能开放的 106 个国家和地区。2017 年 12 月 5 日，苹果搜索广告推出 "Basic" 版本（最初只针对美国的广告业务），新增 CPI（Cost-Per-Install，每次安装成本）收费模式。2018 年 8 月 1 日，搜索广告业务新增日本、韩国、德国、法国、西班牙、意大利六国，同时，在 8 月 23 日，搜索广告 "basic" 版本投放系统全面开放以上 13 个国家。

2．苹果搜索广告的展示形式

当用户在 App Store 中查找 App 时，会在搜索结果顶部看到搜索广告展示页面。所有广告都有蓝色背景和 "Ad"（广告）字样的图标，如图 2-3 所示，它可能以两种格式中的某一种进行展示。

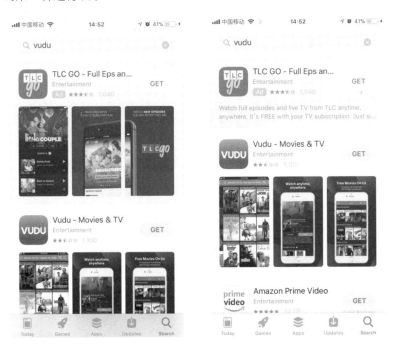

图 2-3　搜索广告展示形式

（1）默认文本广告（Default Text Ad）

展示形式为：名称+图标+评分+评论数量+描述，文字描述只展示发布时添加内容的前两行。其主要目的是减少占屏，尽量减少对正常搜索结果的影响。

（2）默认截图广告（Default Image Ad）

展示形式为：名称+图标+评分+评论数量+截图（视频），如果 App 发布时上传了视频，广告中可能会展示视频，但目前苹果出于用户体验的考虑，广告中视频展示比例很低。对于截图，广告中横屏截图只会展示一张，如果是竖屏截图则会展示三张。2018 年 5 月 30 日，苹果搜索广告添加了广告素材集选项，开发者可为以截图作为素材的广告展示形式从 App 元数据中指定广告截图，具体操作详见本书第 13 章相关内容。

搜索广告展示形式取决于用户使用的设备、最有效的搜索查询及最合乎用户心意的搜索结果。广告展示素材来源于 App 元数据，开发者无法单独为广告上传一套展示素材，也不能选择或设定展示形式。如果开发者想要预览广告展示样式，可通过广告平台中的"Default Ad Examples"查看，如图 2-4 所示。根据数据监测，默认文本广告和默认截图广告的展示占比分别为 55% 和 45%。

图 2-4　搜索广告展示预览

3. 谁可以投放苹果搜索广告

搜索广告针对在美国、英国、澳大利亚、新西兰、加拿大、墨西哥、瑞士、日本、韩国、德国、法国、意大利、西班牙 App Store 有上架 iPhone 版本或 iPad 版本的开发者。除此之外，苹果搜索广告"Help"中明确说明，代理商也可帮助开发者投放搜索广告，在广告账户结构中有专门针对每个公司或客户的 Campaign Groups 层级，便于代理商对客户开放权限。由此可见，苹果是支持和鼓励代理商帮助开发者投放搜索广告的。

2.2.2　为什么要投放搜索广告

1. 苹果搜索广告的目标用户巨大

App Store 是用户主动搜索 App 的主要渠道，如前文所述，"超过 70% 的 App Store 访问者使用搜索来发现 App，65% 的 App 下载量来自 App Store 的搜索引擎"，这说明了 App Store 中搜索的重要性。而当用户查找类似 App 时，搜索广告会展示在搜索结果最顶端，增加了 App 在 App Store 中的展示量，从而驱动用户下载该款 App。这种广告形式，对于一些中小开发者、新上线的 App 来说尤为重要。

同时，苹果搜索广告能够为开发者带来大量用户，根据 Apps Flyer 数据报告，苹果搜索广告在北美非游戏广告平台综合表现（按安装量）排名第 2 名，仅次于广告巨头 Facebook，如图 2-5 所示。

图 2-5　北美非游戏广告平台综合表现（按安装量）排名

2. 苹果搜索广告能够带来最优质的用户

苹果搜索广告能够为 App 带来最优质的用户。根据 Apps Flyer 数据报告，搜索广告用户与其他媒体相比次日留存率、七日留存率最高，仅次于 App Store 自然用户，如图 2-6 所示。"苹果搜索广告在 iOS ROI 指数中排名第一，ARPU 高出于其他平台 30%，价格低于该指数中的其他网络平台 40%。"凭借其在 iOS 推广中顶级的质量和规模，苹果搜索广告在北美地区/全球非游戏广告平台综合表现（按实力）中排名第 2 名和第 3 名，如图 2-7 和图 2-8 所示。

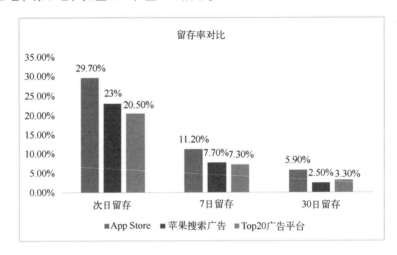

图 2-6　苹果搜索广告与其他媒体留存率对比

除此之外，苹果搜索广告还有一些独特的优势，无论开发者的预算是多少都可以投放广告；允许随时启动或暂停搜索广告；二次竞价模式可以保证每次点击都不会超出预算等。

2.2.3　什么是苹果搜索广告优化

苹果搜索广告优化是指利用其运行机制和竞价原则，通过数据分析调整投放策略，使 App 能够以合理的 CPA（Cost Per Acquisition，每个获取成本）价格获取更多下载用户的过程。

苹果搜索广告优化有很多环节，其中可操作性强、效果明显的是选词和调价，具体优化方式参考本书第 13 章相关内容。

图 2-7　北美非游戏广告平台综合表现（按实力）排名

图 2-8　全球非游戏广告平台综合表现（按实力）排名

2.2.4　为什么要做苹果搜索广告优化

不仅是苹果搜索广告，任何形式的广告都需要配合优化，尤其是数据化的移动互联网广告，更需要一个持续的优化过程。只有在投放周期内，不断地进行分析广告数据、调整优化策略，才能够满足项目 ROI（Return On Investment，投资回收率）的需要。

苹果搜索广告由于其自身的特性相对其他广告更为复杂，依托于整体的展示算法和数据变化使其具有更强的专业性，投放时更具难度。苹果搜索广告优化主要分为两个层面，一方面是依据竞价原理进行优化，另一方面是为了保证 ROI 达标的出价策略的优化。

1.　依据竞价原理进行优化

苹果搜索广告优化是利用其竞价原理（竞价系数=相关性×出价），通过优化影响竞价系数的各项参数，使 App 能够以合理的 CPA 价格获取更多下载用户的过程。苹果搜索广告优化通过不断提升竞价系数，提升广告的展示量，提升 App 点击率、下载转化率，降低用户 CPA 价格，为开发者节省广告成本。

2.　出价策略的优化

苹果搜索广告优化需综合考量成本与收益，使出价与展示量达到均衡。例如，某个关键词平均 CPT 价格过高而不能满足 ROI 时，开发者一定要对这个关键词做删除或者屏蔽处理吗？其实不然，还可以通过降低出价，从而降低 CPT 成本，通过这种优化方式来达到 ROI 考核标准。当然这种优化方式的损失会失去一部分展示量。反之，CPA 成本过低时则可以通过提升价格的方式，获取更多展示量。出价策略的核心就是要在时间变化因素的影响下找到每个词最优出价的临界点，使开发者能够以最优的单价获取更多的用户。

此外，苹果搜索广告市场竞争激烈、瞬息万变，开发者需要随时关注 App Store 及苹果搜索广告动态，不断调整竞价系数和出价策略，使其能够随着市场波动而变化。这样就需要从业者不仅要了解搜索广告平台及其操作方法，还要熟知搜索广告的相关规则和原理，这部分内容将在第三部分相关章节重点介绍。

扩展阅读：

1．一张图了解 iOS 11 版本的 App Store

扫描右侧二维码可以通过一张思维导图系统了解 App Store 的体系结构。

2．一张图了解面向 App Store 的 ASO

扫描右侧二维码可以通过一张思维导图清晰地认识面向 App Store 的 ASO 的体系结构。

3．一张图了解苹果搜索广告优化

扫描右侧二维码可以通过一张思维导图清晰地认识苹果搜索广告优化的体系结构。

第 3 章

App Store Connect 简介

App Store Connect（2018 年 6 月之前称为 iTunes Connect，简称 iTC）是苹果面向开发者开放的门户网站（网址为：https://appstore connect.apple.com），可以简单地理解成 iOS App 的管理后台。从账号管理到 App 信息管理、提交、测试、发布，再到 App 运营的全部数据查询，App Store Connect 都可完成，功能极为强大，操作也相对复杂，通常需要开发者团队的多个职能岗位管理。熟悉 App Store Connect 的规则和利用好其各项功能，可以给开发者们带来一定的优势和利益。本书的核心内容 ASO 与 App Store Connect 有着密不可分的关系，很多的优化方式都要通过 App Store Connect 实现，所以熟练掌握 App Store Connect 的使用极为重要。本章内容主要介绍 App Store Connect 及其在推广运营方面的应用，在后续章节还将对 App Store Connect 的功能进行更详细的介绍。

3.1 App Store Connect 概述

App Store Connect 是一个基于 Web 的工具，其首页如图 3-1 所示。App Store Connect 用于管理在 App Store 上销售的、面向各类 iOS 设备（包括 iPhone、iPad、Mac、Apple Watch、Apple TV 和 iMessage）的 App；同时也用于管理 iTunes Store 和 iBooks Store 上的内容。作为苹果开发者项目（Apple Developer Program）的成员，可使用 App Store Connect 提交和管理 App，邀请用户使用 TestFlight 进行测试，添加税务和银行信息，以及访问销售报告等。

图 3-1　App Store Connect 首页

App Store Connect 的用途包括以下几个方面：

1. 管理用户和职能

苹果开发者项目的注册者将自动成为该开发者账户的主要持有人，且在 App Store Connect 中担任法律职能，其中包括对合同的履行和约束力，对 App Store Connect 的完整访问权限等。

拥有法务职能的用户可以在 App Store Connect 中添加账户，向其他成员提供权限。但是将成员添加到苹果开发者网站的开发团队中并不等于同时为该成员在 App Store Connect 中创建了开发者账户。

可在"用户和职能"中输入用户的姓名和电子邮件地址以添加用户，可以限制每位用户对 App Store Connect 和特定 App 的访问级别，如用户需要完整访问权限，可以为其分配管理职能。

2. 管理协议、税务和银行信息

开发者团队在 App Store 上销售 App 前，其法务用户需要通过 App Store Connect 在"协议、税务和银行业务"中签署付费 App 协议（Paid Applications Contract）。其后输入税务和银行信息，以及开发者团队中一位员工的联系信息，其将负责解决可能出现的法律、财务或营销问题。

3．添加 App 信息和元数据

在 App Store 上发布 App 前，开发者需要通过 App Store Connect 添加 App 信息，其中包括价格的详细信息、描述、关键词、预览视频和屏幕快照等；上传 App 预览视频和 App 的屏幕快照，通过图像和短视频演示 App 的特色、功能和用户界面。这些信息将在 App Store 产品页面上向用户显示，可以提供多达 10 张屏幕快照和 3 段 App 预览视频（可选）。

4．上传 App

在 App Store Connect 中输入 App 的详细信息后，即可使用 Xcode 或 Application Loader 上传其构建版本。上传后的所有构建版本都会显示在 App Store Connect 中"我的 App"的"活动"部分，选择通过 TestFlight 或 App Store 进行分发。

Xcode 是运行在操作系统 Mac OS X 上的集成开发工具（IDE），由苹果公司开发。Xcode 是开发 OS X 和 iOS App 的最快捷的方式。Xcode 具有统一的用户界面设计，编码、测试、调试都在一个简单的窗口内完成。

5．添加 App 内购买项目信息

通过 App Store Connect，用户可以在 App 中使用内购买项目以销售多种内容（如订阅、服务及其他功能）。iOS 10 及其之前的版本只能在 App 中发现内购买项目，在 iOS 11 以及 iOS 12 版本中，内购买项目可以直接在 App Store 上推广，可大大提高 App 的曝光度。现在用户不但能直接在 App Store 上浏览 App 内购买项目，更能在下载 App 之前就购买这些项目。

6．Beta 测试

App 在上架 App Store 之前，可以通过 TestFlight 向测试员发布 Beta App 和 App 的更新，以收集他们宝贵的反馈。在 App Store Connect 中填妥测试信息，并输入测试员的姓名和电子邮件地址，即可发出邀请。

扩展阅读：TestFlight 概述

TestFlight 是用于 App Beta 版本测试的一项功能，其界面如图 3-2 所示。要利用 TestFlight，只需上传 App 的测试版本，然后使用 App Store Connect 添加要测试 App 人员的姓名和电子邮件地址。测试人员可以为 iOS、watchOS 和 tvOS 设备安装

TestFlight App（可在 App Store 中获取，如图 3-3 所示），便于用户使用测试版 App 并快速提供反馈。

图 3-2　App Store Connect 中 TestFlight 页面

图 3-3　App Store 中 TestFlight App

7. 提交 App

准备就绪后，即可通过 App Store Connect 选择想要提交至 App Review 的 App

构建版本。此后，可以通过 App Store Connect 定期更新来完善该 App。

8．管理 App

在 App Store 上发布 App 以后，可以通过 App Store Connect 回复用户的评论，分发促销代码，创建"App 套装"方便单次购买，或转移 App 到其他组织等。

9．监控 App 的使用度和销售

用户可以通过 App Store Connect 查看 App 分析数据、销售和趋势报告以及付款和财务报告中的月度财务报表，以便深入了解 App 各方面的表现。

开发者可以从 App Store Connect 首页访问各个功能模块。不同权限的开发者只能访问每个功能模块中与用户职能相关联的功能。App Store Connect 各个模块的功能如表 3-1 所示。

表 3-1　App Store Connect 各模块功能描述

功 能 模 块	描　　述
	我的 App：添加 App 至用户的账户、编辑 App 信息、创建新版本，以及提交用户的 App 以供审核。以及配置 App Store 技术，如 Game Center、App 内购买项目和 TestFlight
	App 分析：查看有关 App 用户购买、使用情况和收入情况的分析数据
	销售和趋势：查看显示一段时间内销售和趋势的报告
	付款和财务报告：查看和下载您的每月财务报告和付款信息，包括收入、欠款金额和上次付款
	用户和职能：添加用户、删除用户和创建沙箱技术测试员。更改用户职能以及更改用户通知
	协议、税务和银行业务：签署协议，如 iOS 或 Mac 版 Paid Applications agreement（《付费应用程序协议》），并下载协议副本。输入税务信息并设置电子银行业务信息以便接收 Apple 支付的收入
	资源和帮助：可以从常见问题、Apple 视频教程和文稿中获取帮助，也可以联系 App Store 代表

3.2　App Store Connect 基本功能的使用

前面介绍了 App Store Connect 的主要功能，本节重点介绍如何通过 App

Store Connect 创建 App，包括 App 信息的填写、本地化信息的填写；App 评论的回复功能与 App 分析功能，这两个功能一般由运营和推广人员负责操作，与 ASO 紧密相关。

3.2.1　管理 App 和创建新版本

1．添加新 App

在 App Store Connect 首页，单击"我的 App"进入"我的 App"页面。在页面左上角，单击"添加"按钮（+）添加新的 App。如果拥有多款 App，则可以使用工具栏"搜索"控件来查找已创建的 App，如图 3-4 所示。

图 3-4　添加或查找 App

2．输入"App 信息"和"平台版本信息"

在添加新 App 至账户后，开发者可在"我的 App"中查看和编辑 App 信息（如图 3-5 所示）和平台版本信息（如图 3-6 所示）。在输入 App 信息和平台版本信息时，需要注意必填项、可本地化和可编辑的选项，如表 3-2 和表 3-3 所示。部分选项可以随时编辑，另一些选项仅在 App 状态为可编辑时（准备提交或审核被拒后）才能编辑，开发者在填写 App 信息时应注意区别对待。

图 3-5　查看或编辑 App 信息

图 3-6　查看或编辑平台版本信息

表 3-2　App 信息中的必填项、可本地化以及可编辑的选项

选　　项	必 填 项	可 本 地 化	可 编 辑
名称	✓	✓	
副标题		✓	
主要语言	✓		✓
套装 ID	✓		
SKU	✓		
主要类别	✓		
次要类别			
许可协议		✓	✓
隐私政策网址（URL）	✓	✓	✓
订阅状态网址（URL）3			✓

表 3-3　平台版本信息的必填项、可本地化以及可编辑的选项

选　　项	必 填 项	可 本 地 化	可 编 辑
版本号	✓		
屏幕快照	✓	✓	
关键词	✓	✓	
宣传文本		✓	✓

（续）

选　　项	必　填　项	可　本　地　化	可　编　辑
描述	✓	✓	
技术支持网址（URL）	✓	✓	
分级	✓		
版权	✓		✓
App 审核信息	✓		✓
App 预览		✓	
营销网址（URL）		✓	
路由 App 覆盖地区文件			✓
App Store 图标	✓		
此版本的新增内容	✓	✓	
商务代表联系信息	✓		✓

3. 创建新版本、添加平台、设置套装

在了解这部分内容之前，先来熟悉几个名词：

● 通用 App：通过通用购买项而相互关联的 iOS 和 tvOS 的单独 App。开发者在 App Store Connect 中为 App 开启"通用购买项"后，便可在 iPhone、iPad、iPod touch 和 Apple TV 上为用户提供无缝体验。用户从 App Store 中购买一次就可以在多种设备中使用通用 App。

● App 扩展（App Extensions）：对于使用 WatchKit 或 Messages framework（Messages 框架）的 iOS App。

● App 套装（App Bundle）：开发者可以为账户中的付费 App 创建 App 套装，App 套装中最多可以包含 10 款 App。App 套装必须以折扣价格出售，用户在 App Store 中可一键购买。

（1）创建新版本

当开发者准备分发 App 的新版本时，需要在 App Store Connect 中先创建新的版本，该新版本将对购买过先前版本的用户免费可用，各版本使用的 App ID（App 标识符）、SKU 和套装 ID 都与原始版本相同，但可以更新元数据，并添加新的功能描述（如图 3-7 所示）。

（2）添加平台

若要为现有 App 添加更多的苹果设备平台，可以为添加一个平台以创建通用购买。例如，为现有的"iOS App"添加相关的"Apple TVOS App"，从而将"Apple TVOS App"和"iOS App"一同出售。开发者不需要为"watchOS App"创建通用购买，因为它已经被包含在"iOS App"的 Xcode 项目中。

图 3-7　创建新版本

（3）新建"App 套装"

使用 App Store Connect 创建 App 套装（如图 3-8 所示）操作很简单。只需命名 App 套装名称，选择希望包含的 App，如图 3-9 所示，撰写说明、关键词、截图、Icon 并设置价格，如图 3-10 所示，App 套装便可在套装中所有 App 都可销售的国家和地区发布。

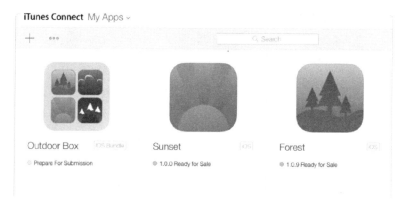

图 3-8　"我的 App"页面 App 套装

图 3-9　新建 App 套装

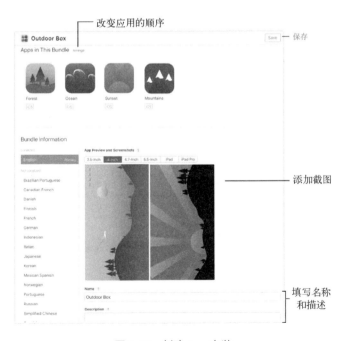

图 3-10　创建 App 套装

需要注意的是：

- 只有在套装中的所有 App 均为付费 App 时，该套装才可以在 App Store 中上架。如果套装中某个 App 由付费变为免费，则整个套装都将在 App Store 中不可用。
- App 套装必须以折扣价格销售，其价格应必须低于套装中包含的所有 App 总价。
- App 套装最多只能包含 10 个 App。
- 单个 App 最多只能被包含在 3 个 App 套装中。
- App 套装中包含的 App 必须可用于单独销售（下载）。
- 套装中的任何一个 App 被下架，则该 App 套装中也会从 App Store 中下架。
- App 适用年龄取决于套装内 App 的最大适用年龄。
- App 套装支持 "Complete My Bundle"（补齐我的套装），用户只需补齐剩余金额就可以购买 App 套装。
- 套装中的 App 必须具有兼容的格式组合。为套装选择的第一个 App 称为主要 App，所有 App 都必须与主要 App 所支持的设备兼容。例如主要 App 适用于 iPhone，其他 App 必须为适用于 iPhone 或通用，只是适用于 iPad 的 App 不可添加至该套装中。

4. 添加本地化 App Store 信息

App 可以添加语言并输入 App 在不同地区 App Store 中显示的本地化信息（如图 3-11 所示）。例如，如果主要语言设置为中文，那么该信息在所有地区的 App Store 中都显示为中文，要是为 App 添加了英文并对文本、关键词和屏幕快照进行本地化，那么语言设置为英文的用户会看到英文的本地化内容，所在地区支持英文的用户，也会看到英文的本地化内容。用户也可以在所有英文 App Store 中使用本地化关键词搜索到该 App。在其他未设置本地语言地区，用户会看到 App 以主要语言显示的信息。

用户在设备上设置的语言控制 App Store 中显示的本地化内容。如果没有与设置语言匹配的可用本地化内容，将显示最接近的本地化内容。如果需要显示特定语言区的元数据，可在 "App 信息" 页面右侧点击 "未本地化" 旁的（+）按钮，为 App 添加特定语言区的语言，例如，添加英文（澳大利亚），如图 3-12 所示。无论用户设备的语言设置如何，该 App 的 App Store 网址（URL）都是相同的。如何利用本地化优化元数据，在后面的章节还有详细的讲解。

图 3-11　App 信息页面

图 3-12　添加本地化语言

3.2.2　评分与评论、回复

1．App Store 上的评分与评论

用户可以按照 1～5 星的级别对 App 进行评分，还可为的 iOS 和 macOS App 撰写评论，但无法为 tvOS App 撰写评论。当用户编辑了评分或评论，现有的用户评论会被替换，最新的变更将显示在 App Store 产品页面上。产品页面会针对 App Store 的每个地区显示 App 的一个总评分，以及每位用户的评分和评论。采用 WatchKit 或 Messages framework（Messages 框架）编写的 iOS App 会在 iPhone、iPad、Apple Watch 和 iMessage 信息的 App Store 上拥有相同的评分。

通过 App Store Connect 可直接查看来自 App Store 的全部评分和评论（如图 3-13 所示），也可以针对特定地区查看总评分。评分地区是指用户最初购买 App 的 App Store 地区。

图 3-13　查看评论与评分

2. 回复用户评论

针对面向 iOS、macOS 和 watchOS 开发的 App，可以通过 App Store Connect 回复用户评论（如图 3-14 所示），回复和编辑显示在 App Store 上不会超过 24 小时，所有编辑过的回复将有一个标记，并可以再次编辑和删除回复，回复后用户会得到通知并可选择更新评论，如果回复的用户更改了评论，那么所有相关职能 App Store Connect 用户均会收到通知。所有评分、评论和回复都会在 App Store 产品页面上公开显示，所以回复的内容应适合公开展示。具体详见本书第 9 章内容。

图 3-14　回复用户评论

3. 重置 App 评分

当发布 App 新版本时，可以重置 App 评分（如图 3-15 所示），App 的产品页面将显示提示消息，说明 App 的总评分最近已重置。

图 3-15　重置 App 评分

3.2.3　App 分析

"App 分析"通过 App Store 展示次数、产品页面查看次数、App 购买量、销售、安装、App 使用次数等各项指标，让开发者可以衡量其 iOS App 和 tvOS App 用户参与度、营销活动以及收入情况（如图 3-16 所示）。"App 分析"显示来自运行 iOS 8、tvOS 9 或更高版本设备的数据，不包含 Testflight Beta 版测试的数据，当一定数量的数据点可用时，才能显示数据。开发者可以通过订阅"App 分析每周电子邮件摘要"来快速查看排行前 20 的 App 的运行情况。

图 3-16　App 分析

App Store Connect 是 iOS 开发者最重要的实用工具，它是一个综合了多个职能的强大的管理后台，本章内容是对于 App Store Connect 的概述，具体如何使用 App Store Connect 提升 ASO 效果还会在本书第 9 章详细介绍。

Part2
苹果应用商店优化（ASO）

ASO 是 App 推广的基础，开发者无论通过何种方式推广一款 App，最终都回归到 App Store 中，因此，开发者必须重视 ASO 的作用。ASO 内容非常丰富，从展示量到转化率，是一个循序渐进的过程；从元数据优化到回复用户评论，ASO 参与了 App 运营的每个方面。对于开发者来说，想要 App 推广得更加有效就必须了解 ASO 的各种形式和方法。

本篇内容主要详细介绍 ASO 的方式和 ASO 的基础玩法，包括精品推荐的申请、搜索优化、榜单和转化率优化；介绍 ASO 的高级玩法，使用 App Store Connect 功能提升 ASO 的效果；以及在 App 运营过程中常见的问题。

第 4 章

App Store 精品推荐

精品推荐是 App Store 中最优质的展示位置，一款 App 被苹果选为"精品推荐"对开发者来说是莫大的福音，它不仅能为 App 带来大量下载还能提升 App 的综合权重，最重要的是它是完全免费的。但对于开发者来说，精品推荐能否申请成功"可控性"不强。因此，本章内容在介绍精品推荐的基础上，重点介绍精品推荐的申请方式以及评选标准。

4.1 精品推荐的分类

为鼓励开发者创新，App Store 会将一些优秀的 App 展示在"精品推荐"页面。精品推荐是 App Store 中最优质的位置，苹果会对 App 进行综合考量，包括设计、功能和创新性等诸多方面。精品推荐能够为一款 App 每天带来上千甚至上万的下载量。

iOS 10 版本的 App Store 首页分为"精品推荐""类别""排行榜"和"搜索"四个展示页面。iOS 11 和 iOS 12 版本的 App Store 则包括"Today""游戏""App"和"搜索"四个展示页面。本书中指的精品推荐既包括 iOS 10 版 App Store 中的"精品推荐"和"类别"中的推荐模块，也包括 iOS 11 和 iOS 12 版 App Store 中的"Today"和"游戏"、"App"页面中的推荐模块。本书中的"App"是 Application 的缩写，是指应用程序，包含通常所说的游戏类应用和非游戏类应用。

iOS 11 版之后的 App Store 出于商业考虑，"App"页面仅包含非游戏应用，开发者在阅读过程中应注意两个概念的区分。

4.1.1　iOS 10 中的精品推荐

1．精品推荐页面

精品推荐页面如图 4-1 和图 4-2 所示，包括 Banner 推荐、热门推荐、合辑推荐三个展示区。

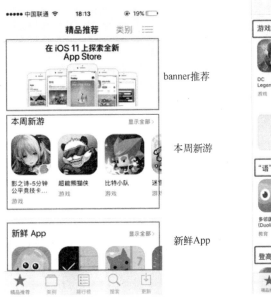

图 4-1　精品推荐页面 1

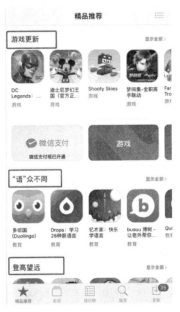

图 4-2　精品推荐页面 2

（1）Banner 推荐

Banner 推荐位于精品推荐的最顶部，以轮播的形式出现，每个 App 占一页Banner，内容包括限时免费 App、优秀 App 等，有时候也会展示苹果自身的广告。

（2）热门推荐

● 本周新游

本周新游位于 Banner 推荐的下方，首页展示 4 款游戏，"显示全部"后可以看到推荐的全部最新发布的游戏，可按照游戏名称、发布日期、精品推荐排序，供用户挑选下载。

● 新鲜 App

新鲜 App 位于本周新游的下方，为最近发布的优秀 App 的合集，一般为十余款，首页仅展示 4 款。

（3）合辑推荐

如图 4-2 所示是合辑推荐展示位，如 "'语'众不同" 是一个介绍语言学习类 App 的合辑。通常，合辑推荐分为多个模块，一般会根据近期热门时事设定一个主题，符合该主题的优秀 App 将有机会被选入这类推荐。这些主题可能是某个节日、盛大赛事等，也会根据游戏、App 的内容设定的主题。除了图中的例子外，再比如，2017 年 7 月，苹果针对 Apple Pay 推出的活动 "Apple Pay 优惠周，低至 5 折"，京东、携程旅行等支持 Apple Pay 支付的 App 被苹果推荐上榜。

2．类别页面

"类别" 菜单中，各个类别的产品页面为该类 App 的精品推荐，基本结构与精品推荐类似，但曝光度不如精品推荐高。如图 4-3 展示了摄影与录像类的 App 推荐界面。

iOS 10 版本中，App Store 的各个部分内容每周更新一次。

4.1.2　iOS 11 和 iOS 12 中的精品推荐

1．Today 页面

"Today 页面会精选一些 App 进行展示，包括首次发布和最近更新的 App，并会重新回顾一些一直备受喜爱的 App 产品。关于 App 的提示和使用指导可以帮助用户以全新的方式玩转 App，同时也会展示开发者的创造灵感，为有影响力的人和知名人士提供一个平台来分享他们喜爱的 App 和游戏。Today 页里的故事也包括 '今日游戏' 和 '今日 App'。用户在 Today 页上可以滑动查看最近几天的故事内容。"

——苹果官方关于 Today 标签页的说明

如图 4-4 所示，iOS 11 中精品推荐由之前的 "精选"（Feature）更新为 "Today"。采用卡片式设计，涵盖独家首发、最新发布、热门 App 新玩法、每日 App 推荐、每日游戏推荐等多方面的内容，并对展示形式进行重新排版，文字、图片和视频等内容经过了精心编排。其中，中国区 App Store 的 Today 页每天会展示 4 张卡片，共展示约 20 款左右 App 和游戏，如图 4-5 所示。

"Today" 页面每天更新一次，每次更新 4 张卡片，每天可浏览最近 7 天的推荐内容。

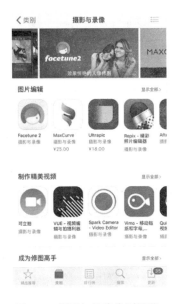

图 4-3　摄影与录像类别推荐

图 4-4　Today 推荐页

图 4-5　Today 推荐栏目设置

此外，在 iOS 11 中，"游戏"和"App"分别占据 App Store 中的一个页面。在各自页面中，除了展示以往的榜单情况（包括付费榜和免费榜），也设有类似于 iOS 10 的精品推荐。

2. 游戏页面

如图 4-6 所示，在"游戏"页中，最上方占据最大篇幅、最佳位置的

"Banner"推荐位最为抢手，以轮播形式展示，可以手动左右滑动查看，一般情况下，主题包括"主打推荐"、"新游戏"、"本周新游"、"独立佳作"、"重磅更新"和"限时优惠"等板块。接着是根据时事、节日等设定的主题，然后是"本周新游"和"最佳更新"板块，相对其他板块这两块主题名称固定，会分别推荐 15 款左右新游戏。最后，还有一些模块位置和名称均较为灵活的主题，一般推荐 4～10 款同类型游戏，如 iPhone X 问世后，苹果推荐了"为 iPhone X 优化"的主题，在其中列出了近期为兼容适配 iPhone X 而进行了更新的游戏，如图 4-7 所示。

图 4-6　游戏推荐　　　　　　　　图 4-7　游戏推荐"为 iPhoneX 优化"

3．App 页面

在"App"页中，如图 4-8 所示，同"游戏"页的结构类似，除了"付费排行"和"免费排行"、新鲜 App 等板块，还有根据当前时事件、节日等活动而变化的主题内容，另外还有同类型 App 推荐板块，如，在 4 月 23 日（世界读书日）推出以"孩子的阅读启蒙"为主题的板块，如图 4-9 所示。

在 iOS 11 中，"游戏"和"App"的更新频次并不固定，有的主题板块每 2～3 天更新一次，有的每周甚至每月才会进行更新。

图 4-8　App 推荐　　　　　　　图 4-9　App 推荐——"孩子的阅读启蒙"

4.1.3　年度最佳 App

　　每年的年末，各行各业都会进行年度总结、年终盘点，对于应用商店而言，各种年终榜单也会接踵而至，苹果 App Store 也不例外。每年 12 月，苹果都会在各个精品推荐页面和官方网站公布当年的年度最佳 App 和游戏，其目的在于从一年中如此多的优秀作品当中找出真正"全场最佳"，同时也为用户购买提供最为合理的意见。

　　年度最佳 App 是一种特殊的"精品推荐"展示形式，它们是 App Store 数百万款App 中的佼佼者，因此，开发者有必要了解这类"精品推荐"。

　　2017 年 12 月 7 日，苹果正式公布了 2017 年年度最佳 App 和游戏。

1. 2017 年年度最佳 App 和游戏

　　在 2017 年年底公布的数据中，有哪款 App 和游戏可以获得 App Store 编辑的青睐一跃成为年度最佳呢？

　　2017 年年度最佳 App 是一款名为"Enlight Videoleap"的视频剪辑软件，如图 4-10 所示，它有着强大功能，囊括了各种转场特效、参数微调、绿屏扣像、关键帧动画等桌面级操作。

图 4-10　Enlight Videoleap

　　年度最佳游戏花落 Splitter Critters，如图 4-11 所示，这款游戏的玩法设计完全符合触屏设备的交互逻辑，是一款围绕"剪切"机制设计的益智游戏。在这款游戏中，玩家通过滑屏"剪切"游戏场景，帮助小外星人躲避怪物。每次"剪切"后，游戏场景中会出现逼真的撕纸效果，与剪贴画的设计相得益彰。同时，Splitter Critters 还设有AR 关卡，3D 的视觉效果让游戏更具创意与趣味。

图 4-11　Splitter Critters

2．往届年度最佳（中国区）

往年（.2010 年～2016 年），苹果 App Store 评选出的年度最佳 App 和最佳游戏，如图 4-12 所示，从优质的 App 中找寻它们的精彩之处。

年份	最佳 App	最佳游戏
2016	Prisma	部落冲突：皇室战争
2015	Enlight	Shadowmatic
2014	Replay	Threes
2013	Duolingo	Ridiculous Fishing: A Tale of Redemption
2012	Action Movie FX	雷曼：丛林探险
2011	Instagram	Tiny Tower
2010	MLB.com At Bat 2010	愤怒的小鸟

图 4-12　往年年度最佳 App 和游戏

2010 年至 2016 年近七年的最佳 App 和最佳游戏，其中有很多为我们所熟悉，它们至今仍然活跃在 App Store 中。当然，也有一些曾经带给过用户帮助和欢乐的 App 已经逐渐淡出了舞台。

4.2　精品推荐的评选标准

被 Today 或游戏、App 或精品推荐页面推荐为精品的 App 具有一些共性特点，如果开发者或运营人员可以深谙这些共性，把握获得精品推荐的"套路"，便可以游刃有余地将自己的 App 送上精品推荐的"宝座"。

4.2.1　iOS 10 精品推荐的标准

一般而言，这些 App 在以下方面表现得更优秀。

1．风格

无论硬件产品还是软件产品，苹果公司都提倡极简的风格，所以设计简约的 App 或游戏更易获得苹果小编的关注。一款 App 的整体设计风格要统一，无论是图标、截图、视频还是 App 内部界面的风格都应尽可能采用同一风格。

2. 体验

优质的用户体验是苹果公司一直以来的追求，因此，拥有一流的用户体验的 App 或游戏将有更大的机会成为精品被推荐。用户体验包括界面友好度、步骤响应以及其他功能服务等多个方面。

如果 App 或游戏在操作过程中出现卡顿甚至闪退，这将是非常严重的 Bug。流畅的操作流程可以说是一款 App 或游戏需要具备的最基本的一点，另外，操作流程也应符合用户使用逻辑。

3. 技术

App 或游戏中是否使用了最新的技术也可能是苹果挑选精品 App 的一个标注之一。比如，使用了人工智能（AI）技术的 App 在近几年备受 App Store 推崇。还有使用 AR 技术的 App 也频繁出现在推荐列表中。

4. 创新

苹果鼓励开发者对 App 有所创新，无论是从技术层面、设计层面或是功能层面，各个角度的创新都会让一款 App 或游戏更容易脱颖而出。

5. 首发

如果某款 App 在苹果 App Store 首发，即相对安卓应用商店而言，在苹果商店首次发布上架，那么它更可能获得苹果的青睐。

6. 主题

通过分析可以发现，精品推荐中经常会根据某一主题，同时推荐一系列有相似特点的 App。比如，"双十一"期间，苹果会推荐购物类 App，奥运会期间，则会推荐一些体育类或视频播放类 App。因此，符合某个主题的 App 更可能在特定时期荣登推荐位。

7. 类型

有时候 App 类型的选择也可能影响到 App 被推荐的概率。在所有 App 类型中，苹果最常推荐的非游戏莫属。此外，教育类、效率类和摄影与录像类 App 也备受青睐。

以上几点是被推荐 App 的一些共有特点，在开发和推广 App 的过程中如果能够揣度苹果 App Store 的趋势和爱好，不断打磨 App 品质，将更有机会为 App 争取到精品推荐。

4.2.2　iOS 11（iOS 12）精品推荐（Today）的标准

App Store 的编辑通过编写引人入胜的故事为用户推荐精选 App，他们会参考很多因素来为用户选出他们喜爱的 App。对于 Today 页面描述与推荐的 App，App Store 的编辑们有一定的推荐标准，符合相应标准的 App 就有可能得到在 Today 页面推荐的机会，而且完全免费，没有任何付费渠道或具体要求。

App Store 编辑团队会推荐一些富有个性故事的 App 在 Today 页进行推荐，比如，App 背后的故事，开发者是如何打造某款影响行业的 App 或 App 可以满足用户的哪些个性需求。

在选择在 Today 页面推荐的 App 时，编辑们会从所有类别中挑选高质量 App，尤其关注首次发布的 App 和有重要更新的 App。他们考虑的因素通常包括：

- 用户界面设计：易用性，吸引力和整体质量。
- 用户体验：App 的效率和功能。
- 创新性：可以满足用户的个性需求。
- 本地化：高质量，高相关度。
- 可用性：功能完整。
- App Store 产品页：引人注目的截图、视频和文字描述。
- 独特性。

尤其针对游戏，编辑还有考虑以下因素：

- 游戏性与参与度。
- 画面与性能。
- 音频。
- 游戏故事及其深度。
- 可玩性。
- 游戏操作。

相对于"游戏"和"App"页面内的精品推荐而言，"Today"页面以较大篇幅文字结合视频和图片的形式，结合时事热点和节日特征等元素进行展示，更具吸引力，推荐力度最强。当然，对 App 质量、特色的要求也相对更高，并且还要有能够吸引编辑团队的故事题材。

4.2.3　年度最佳 App 评选标准

苹果年度最佳 App 是 App Store 编辑团队在各类别 App 中选出的最佳作品，这些 App 在很多方面都有其突出特色，都在不同程度上实现了设计、创意与技术的完美融合。因此，开发者不仅要关注年度精选的 App 内容，更要重点关注它们的评选标准和 App Store 编辑团队的倾向。

一般而言，年度最佳 App 可能受以下因素的影响：

● App Store 编辑团队主观印象

之所以把这条放在第一点说，是因为尽管这一点是人为主观判断，但是其实也不是完全不可控的。比如，开发者不能做任何违规的事，否则会给 App Store 编辑团队留下严重的负面印象。一旦这样，那就注定与苹果年度最佳 App 无缘了。

● 设计

一款 App 如果有简洁大方的界面设计，通过体验近几年被评为年度最佳的App，可以发现无论是 App 的图标还是内部界面设计，都是清一色的简洁风。同时，操作体验和功能设计也十分流畅、清晰，不会让人觉得晦涩难用。

● 创意

在功能、界面等方面更有创意的 App 更容易脱颖而出，如今 App Store 里有上百万款 App "争相斗艳"，具有相似功能的 App 迟早会优胜劣汰，而独具创意的 App 则更易被编辑团队挑选出。

● 技术

苹果是一家重视新技术的公司，如果某一款 App 的设计和功能运用到前沿的技术，会备受编辑团队推崇和青睐。比如，App Store 的 Today 页面就曾大篇幅地推荐过一款基于人工智能技术的游戏。同时，近期 App Store 对运用了 AR 技术的 App 也比较推崇。

● 小众化

苹果 App Store 团队一直对小而美的 App 有较大的支持力度，这类小众的 App 尽管起初没有较大的知名度，但是在苹果的支持下也有较高的曝光度，从而可以积累一定的种子用户，为后期的发展奠定基础。

● 下载量

之所以把下载量这一因素放在最后一点说，是因为它绝对不是决定因素，甚至可以说下载量所占的权重非常低。比如，几乎长期占据总榜前列的王者荣耀、微信、

QQ、支付宝等 App 往往都不在年度最佳 App 的榜单上。

4.3　为 App 申请精品推荐

上一节已经讨论过能够得到精品推荐的 App 在各个层面所具有的共性特点，那么如何为一款 App 申请精品推荐呢？方法如下：

1．通过网页申请

iOS 11 发布后，苹果团队于 2017 年 9 月推出了 App 自荐渠道，即专门针对精品推荐位申请的平台，改变了以往仅能通过邮件进行申请的局面，便于开发者为 App 申请精品推荐。网址为 https://developer.apple.com//contact/app-store/promote。

精品推荐审批时间漫长，为避免影响 App 上线/更新，建议在 App 上线/更新前 6～8 周开始申请。通过 Contact 网页申精操作方便、格式统一、便于审核，这里对精品推荐位申请要提交的信息进行了总结，具体内容如图 4-13 所示，开发者可以参考这个思维导图申请推荐位。

除了认真填写好所有必填信息后，剩下的选填内容也建议尽量填写完整、详尽，以提高申请成功的概率。填写完所有所需信息并成功提交后，页面会变为：

感谢与 App Store 团队联系！我们会审核您的申请，如需提供其他额外信息，我们会与您联系。提交后并不保证一定会被 App Store 选为精品推荐，请知悉。如图 4-14 所示。

需要说明的是，通过以上链接申请到的"精品推荐"位可能是 iOS 10 版本或 iOS 11 以及 iOS 12 版本中的任意一个，App Store 的编辑会根据精品推荐的排期具体分配。如果有幸能够获取精品推荐，开发者便会收到苹果官方发送的邮件，要求补充相关资料，其中包括针对不同推荐位所需的素材。

2．通过邮箱申请

以前，App Store 精品推荐申请邮箱是 appstorepromotion@apple.com。但是，随着苹果开通了的 App 自荐通道，该邮箱目前显示不存在（如图 4-15 所示），发送邮件会被退回。

因此，想要通过邮箱为 App 申请精品推荐，需要找到 App Store 相关工作人员，可以尝试通过 LinkedIn 等网站进行搜索。例如，在 LinkedIn 搜索框中输入"Apple""App Store"或"App Store Manager"等关键词进行查找，对搜索结果进行筛选，选

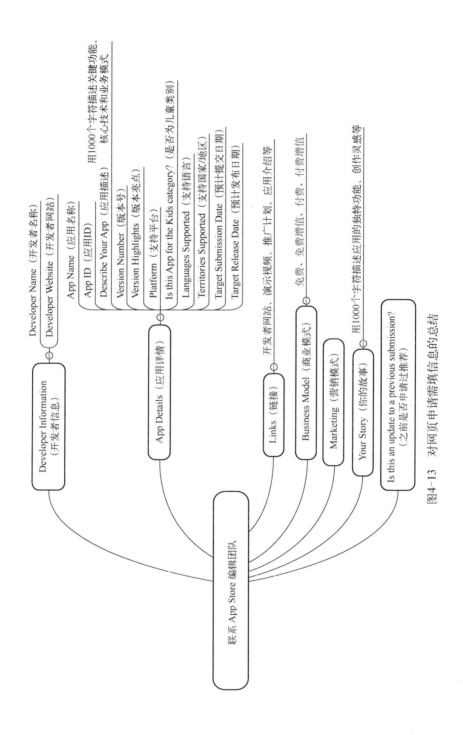

图4-13 对网页申请需填信息的总结

择当前就职于 "Apple" 并选择相应的地区，通过 "站内信" 或添加好友的方式与其建立联系。

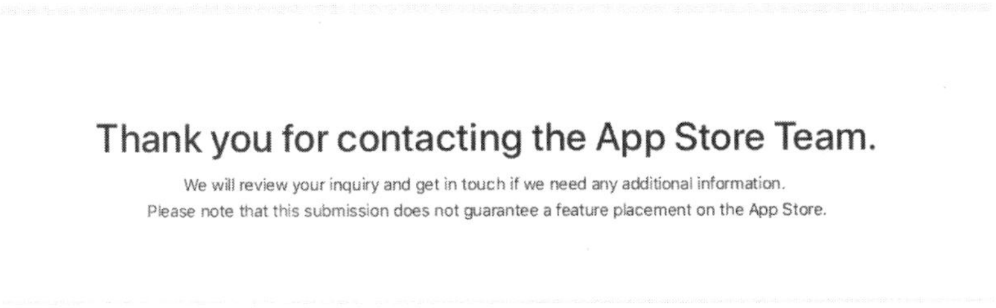

Thank you for contacting the App Store Team.

We will review your inquiry and get in touch if we need any additional information.
Please note that this submission does not guarantee a feature placement on the App Store.

图 4-14　提交申请后的官方团队回复

无法发送到 appstorepromotion@apple.com

退信原因　收件人邮件地址（appstorepromotion@apple.com）不存在，邮件无法送达。
host ma1-aaemail-dr-lapp03.apple.com[17.171.2.72] said: 550 5.1.1 User Unknown (in reply to RCPT TO command)

图 4-15　邮件地址不存在

还可以通过利用一些插件（如 Email Hunter 等）获取 LinkedIn 中目标用户的邮件地址，然后发送邮件申请精品推荐。

与个人邮箱联系不同于与官方邮箱联系，尤其在措辞方面需要注重礼貌，首先说明自己发送邮件的目的，然后再进入正题。

邮件内容最好使用标准、流畅的英文来表达。邮件内容尽量简短，App Store 工作人员显然不会花过多的时间研究推荐信，所以要用简练的语言表达出重要的内容。邮件中最为重要的内容就是邮件的标题了，它直接决定了对方是否会打开邮件。据悉，有 3 类简单的单词能够增加推荐信被打开的几率：Name（收件人的称呼）；First（首发）；Exclusive（独家）等，可通过使用不同的标题来测试邮件被打开的几率。

在简单介绍自己发信的目的后，正文内容中，前两行的要尽可能展示出 App 足够优秀，如独立开发团队、曾获 XX 奖等。接下来分类列举产品的亮点，3～4 条就足够了，每条长度应适中，不超过两句话为好。同时要注意邮件的排版，合理的使用项目符号、粗体展示亮点，有时使用 Gif 或 Emoji 会为邮件添彩。

邮件申请的优点是可以添加更多介绍项目，如 Youtube 或 Vimoe 的视频链接、网站地址，优秀的展示效果都能为申精加分。以下为一封推荐信正文内容的基本样式：

App Introduction
Key Features:
－
－
－
－
Business Model:
Your story:
Something about yourself:
App's unique features:
Your inspiration for creating this App:
Conclusion
Look forward to your reply. Thank you!

如果被 App Store 工作人员选中，在回复的邮件中会附有少量表格，这时候要做的就是尽快准确无误地完成表格并回复，别忘了再次表示感谢！

相对而言，通过苹果新推出的 App 自荐渠道（网页申请）申请精品推荐的成功率更高，苹果推出格式固定统一的网页版申请渠道，一方面，减轻了 App Store 编辑团队的压力，另一方面也使得申精流程更为规范化、系统化。

另外，值得注意的是，无论是申请 Today 页面推荐位还是申请"游戏"页面或"App"页面中的推荐位，都是通过以上两种渠道进行申请。其中，针对 Today 推荐位的申请，则需更注重"Your Story"（你的故事）模块的内容，要尽可能地周全完善、突出重点，若有关于 App 的独具吸引力的个性故事就更加完美了。

第 5 章
App Store 搜索优化

搜索优化是开发者最为关注的 ASO 方式，也是最易于操作、效果最明显的 ASO 方式。iOS 11 版本的 App Store 上线后，更加强化用户搜索，使得搜索优化成为 App 推广过程中必不可少的优化环节。本章重点介绍搜索优化的两种优化方式——关键词优化、搜索（结果）排名优化。

5.1 搜索优化概述

5.1.1 什么是搜索优化

1. 搜索优化的内涵

搜索优化被认为是狭义上的 ASO，即"App Store Search Optimization"（App Store 搜索优化）。是指利用 App Store 检索和排名规则，逐步提升 App 在关键词下的展示量和搜索结果排名的过程。顾名思义，搜索优化是围绕 App Store 中"搜索"页面的优化行为。

2. 搜索优化的重要性

iOS 11 发布后，App Store 弱化榜单排名，更加强化搜索入口，App Store 搜索引擎成为用户最重要的来源。新的 App Store 似乎更能满足开发者的愿望，一份来自 Sensor Tower 的数据报告显示，在全新改版之后的 App Store 中，通过浏览下载的

App 比例至少增长了 15%，说明"搜索"早已成为 App Store 最大的流量入口。根据 AppBi 数据监测，关键词搜索结果前 3 名 App 的下载量占该关键词总下载量的 70%。

同时，相对榜单优化、精品推荐申请的优化方式，搜索优化更加易于操作，更容易获得展示机会，因此，无论是知名开发商还是普通开发者，都十分关注 App Store 搜索优化。

3．搜索优化的方式

（1）关键词优化

这里的"关键词"不仅包括 App Store Connect 中 100 个字符的关键字域，它还包括其他能够被 App Store 搜索引擎索引的字段——App 名称、副标题、开发商名称、App 类别和 App 内购买项目名称。关键词优化是利用 App Store 搜索引擎检索规则，对这些字段进行拆分、重组，从而提升 App 的覆盖关键词，也就是让 App 尽可能多地出现在特定关键词的搜索结果中。

（2）搜索（结果）排名优化

关键词优化决定了 App 能够出现在哪些关键词的搜索结果中，而搜索（结果）排名优化则要解决是 App 出现在搜索结果的第几名。搜索（结果）排名优化是利用 App Store 搜索引擎的排名规则，通过人工干预的方式等尽可能地将 App 在特定关键词搜索结果中的排名提升至前 3 名。

5.1.2 搜索优化的对象

1．关键词优化的对象

用户在 App Store 中搜索特定的关键词时能够查找到一些 App，换个说法就是说这些 App 覆盖到了这个关键词。哪些关键词能够搜索到哪些 App 是由 App 元数据所决定的。

以下就是能够生效为覆盖关键词的 App 元数据：

（1）App 名称（App Name）

App 名称能够生效为覆盖关键词，并且位置权重最高，它直接影响着 App 的下载转化效果。优秀的 App 名称能够提升用户打开产品页面的概率，促使用户下载 App。

在 App Store 中 App 名称往往展示在 Icon 右侧，如图 5-1 所示。

（2）副标题（Subtitle）

副标题是 2017 年 9 月新增的元数据，它位于 App 名称的下方，如图 5-1 所示。副标题同样可以生效为覆盖关键词，位置权重仅次于 App 名称。副标题应通俗易懂，便于用户理解产品功能。

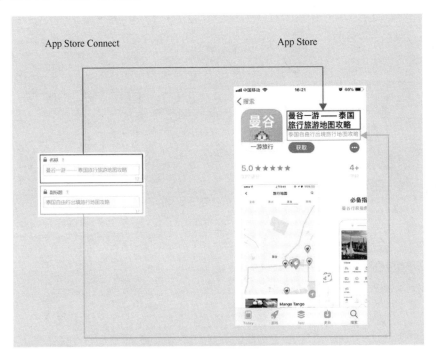

图 5-1　App 名称和副标题

（3）关键词（Keywords）

关键词不在 App Store 中展示，开发者可在 App Store Connect 中填写，如图 5-2 所示。关键词字符数量多、操作空间大，位置权重仅次于 App 名称和副标题，是开发者优化覆盖词的重点，绝大多数覆盖词都来源于关键词。

（4）开发者名称（Publisher）

开发者名称所占的位置权重很低，但 App Store 搜索引擎会对开发者名称进行检索。如图 5-3 所示。

（5）类别（Category）

苹果会将 App 所属类别自动收录为关键词，因此无须在 App 名称、副标题中再次添加所属类别，如图 5-4 所示。

图 5-2　App Store Connect 中的"关键词"

图 5-3　App Store Connect 中的"开发者名称"

图 5-4　App Store Connect 中的"类别"

（6）内购项目名称（Display Name）

内购项目名称可在添加或更新 App 内购买项目时填写，如图 5-5 所示。iOS 11（iOS 12）版本 App Store 搜索结果中包含 App 内购买项目，但内购项目名称位置权重较低，一般不作为优化的重点。

图 5-5　App 内购买项目名称

App 名称、副标题和关键词是搜索优化最主要的对象。其他元数据，如描述、宣传文本、截图、视频、评论等部分的内容无法生成为覆盖关键词。

2．搜索（结果）排名优化的对象

搜索（结果）排名优化的对象是某个 App 在特定关键词下的搜索排名，例如，名为"曼谷一游"的 App 位于关键词"曼谷"搜索结果的第 4 名，相对于前 3 名的 App 来说，在该关键词下的展示量和下载量较少，搜索（结果）排名优化的目标一般为前 3 名。

5.1.3　搜索优化常用术语

1．元数据

元数据（Metadata）为描述 App 的数据，主要是描述 App 属性的信息，用来支持如指示存储位置、历史数据、资源查找、文件记录等功能。在 App Store 中，App 元数据涵盖的内容很多，包括 App 名称、副标题、宣传文本、描述、截图等。App Store 通过分析这些元数据来定义 App 的属性。

2．关键词

在实际工作中，"关键词"有两重含义：一是 App 上线/更新时，在 App Store Connect 填写的 100 个字符的关键字域。二是产品上线/更新后，App 覆盖的搜索词，也就是通过这些词能够在 App Store 中搜索到相应的 App。并不是所有的搜索词都可以称作关键词，只有有一定搜索量级且被苹果收录的搜索词才能称为关键词。

关键词依据不同的维度可以分为不同的类型，在搜索优化中常用到的是以下几类：

（1）行业词

适用于某一类 App 的关键词，如"新闻"、"杂志"等关键词适用于新闻类 App。

（2）品牌词

App 名称，如腾讯视频、拼多多、微信等。

（3）通用词

适用于任何 App 的关键词，如手机、软件、神器、网。

（4）方向词

搜索用户一致的关键词，如夺宝类 App 与贷款类 App，它们的用户群体是一致的。

3．长尾关键词

长尾关键词一般是指覆盖词，是用户搜索的非目标关键词，但与目标关键词相关的组合型搜索词。例如，目标关键词是服装，其长尾关键词可以是男士服装指南、时尚服装设计师、儿童服装店等。长尾关键词往往是 2～3 个词组成，甚至是短语或句子，可能是用户搜索或联想出来的词。

长尾关键词基本属性是可延伸性强、针对性强。这类词搜索量非常少，并且不稳定。长尾词具有两个特点：细和长。细，说明长尾词搜索是份额很少的市场，没有引起开发者的重视；长，说明这些市场虽小，但数量众多。众多的微小市场累积起来就会占据市场中可观的份额——这就是长尾思想。长尾关键词是长尾理论在关键词研究上的延伸。

长尾关键词带来的用户，转化率比目标关键词高很多，因为用户搜索长尾词的目的性更强。覆盖大量长尾关键词的 App，其带来的总流量非常可观。

4．搜索（结果）排名

搜索排名是指用户在 App Store 中搜索特定关键词时，App 在该词下的排名。搜索排名对 App 的展示量有很大的影响，在同一关键词下，排名越靠前展示机会越多，下载量也就越大。一个关键词搜索结果排在前三名的 App，能够"瓜分"这个关键词所带来流量的 70%，因此搜索结果 TOP3 的位置往往竞争最为激烈。

5．搜索结果数

搜索结果数是指用户在 App Store 中搜索特定关键词时，搜索结果中的 App 个数。App Store 的搜索结果数一般不会超过 2300 个。

6．关键词搜索指数

搜索指数是 App Store 为关键词定义的搜索热度，往往是通过爬虫抓取的方式获取该指数，开发者可通过第三方平台查询关键词搜索指数，如七麦数据、AppBi 等。搜索指数集中在 0～11000 之间，它是一个相对值，不代表实际搜索次数。搜索指数越高，被搜索的次数越多，流量越大。搜索指数与搜索量级之间有一定的对应关系，如表 5-1 所示。一般认为，搜索指数≥4605，关键词搜索量≥1，也就是说 4605 是关键词搜索指数的合格线。

表 5-1　搜索指数对应搜索量级

搜索指数	搜索量预估（每日）	搜索指数	搜索量预估（每日）
4605	1	7001～8000	2501～6500
4606～5000	2～400	8001～9000	6500～10000
5001～6000	401～1000	9001～10000	10001～15000
6001～7000	1001～2500	10001～11000	≥15001

一般情况下，搜索指数大于等于 4605 的关键词才会有搜索量，根据数据监测，大多数用户查找一款 App 最多会浏览搜索结果下前 50 名。因此，搜索结果在 50 名以内且搜索指数≥4605 的关键词称为有效关键词。有效关键词也就是能为 App 带来自然流量的词。

7．字符

在 App Store Connect 的后台，App 名称、副标题、关键词等栏目都是有字符数限制的。对于苹果来说，一个汉字、数字、英文标点都是一个字符（中文标点占两个字符），App Store Connect 后台 App 名称和副标题字符限制均为 30 个，关键字域字符限制为 100。如何有效地利用有限的字符数，对于做好搜索优化很关键。

8. 权重

权重是一个相对概念，是指某一指标在整体评价中的相对重要程度。在 App Store 中，对于 App 本身、关键字域的位置、甚至是用户（Apple ID）都是有权重的划分的。这些权重相互作用，共同对 App 的展示量造成影响，最终影响到 App 的下载量。

（1）关键词位置的权重

关键词文本框中不同位置的权重会有很大的差别，高权重位置的关键词覆盖到的词数量多、搜索排名靠前。App Store 中关键词的位置权重从高到低依次为：App 名称、副标题、关键词、类别、开发商名称、内购项目名称。关键字域内部，位置越靠前权重越高，位置越靠后，权重越低。

（2）App 综合权重

App 综合权重是苹果对 App Store 中 App 综合考量后给予的一个指标，影响 App 综合权重的因素很多，包括 App 下载量、激活量、活跃度、评论数量和星级、更新频率、违规操作、审核通过率等因素。App 综合权重没有具体的指数，综合权重高的 App 具体表现为榜单排名和搜索结果排名的加权。

（3）Apple ID 权重

Apple ID 是苹果对用户考量后给予的指标。通常情况下，有付费行为的 ID 会被加权，其次是普通 Apple ID，而虚假 Apple ID 权重最低。机刷、积分墙用户的 Apple ID 由于获取 App 频繁、留存率低，Apple ID 权重低，这些账号对搜索排名、榜单排名的提升贡献率也很低。大量的低权重 ID 带来的下载量可能会让 App 处于被苹果处罚的危险中。

（4）开发者账号权重

一般情况下，公司开发账号权重要高于个人开发者账号，知名开发者账号权重大于普通开发者账号权重。

高权重的开发着账号有一些优势：

● 较高的审核通过率、较短的审核时间。
● 账户下 App 榜单排名、搜索排名的加权。

- 优先给予精品推荐。
- 优先给予企业标签（iOS 11 和 iOS 12）App 专属页面等特殊待遇。

同样，影响开发者账号权重的因素也有很多：

- 账户下 App 综合权重。
- 账户下 App 下载量所对应的 Apple ID 权重。

5.2　搜索优化的原理

5.2.1　关键词优化的原理

App Store Connect 中可供开发者填写的关键词字符数量仅为 100 个，但一款 App 却可以覆盖到几千个关键词，甚至有些 App 的关键词覆盖量可以达到 10000+，这就和 App Store 的拆词、组词原理有关。

1. 拆词与组词

App Store 会将开发者在 App Store Connect 中填写的 App 名称、副标题、关键词中的字符拆分为多个词，然后将它们重新组合，与用户的搜索词相匹配。并且不同位置（App 名称、标题、副标题、多地区之间的关键词）能够跨字符组合。例如，关键词字域中填写了"网易音乐新闻汽车"这些字符，搜索引擎会根据汉语的使用习惯将它们分为"网易"、"音乐"、"新闻"、"汽车"四个词，再通过排列组合组成 64 个新的关键词，如表 5-2 所示。

表 5-2　关键词通过排列组合形成新的关键词

关　键　词	搜　索　指　数	是否被词库收录
网易音乐	6069	是
网易新闻	8613	是
网易汽车	4610	是
音乐新闻	0	是
音乐汽车	—	否
新闻汽车	—	否

（续）

关　键　词	搜　索　指　数	是否被词库收录
网易音乐新闻	—	否
网易音乐汽车	—	否
汽车网易新闻	—	否
新闻音乐汽车	—	否
……		否

"音乐汽车"和"新闻汽车"这类词由于并没有用户搜索或搜索量极低，因而不会被苹果词库收录，也无法在第三方平台"关键词明细"列表中查找到，但在App Store 的搜索引擎中，通过这几个关键词是能够查找到添加了这些关键词的App 的。

在汉语中经常会出现一些有歧义的词语，例如"乒乓球拍卖完了"，既可以分为"乒乓""球拍""卖完了"，也可以分为"乒乓球""拍卖""完了"，App Store 搜索引擎会把这两种情况记录下来，匹配用户的不同搜索方式。利用这种拆词方式，可以将重复字符，例如"衣服"、"服装"缩写为"衣服装"。这种缩写虽然能够节省字符，但是所覆盖的关键词权重较低。

之所以有"拆词"和"组词"的需求是由于 App Store Connect 中可填写的关键词字符是有限的，无法将用户搜索的所有词全部列尽。通过将相同的词尽可能合并，使得 100 个字符尽可能的展示 App 信息，从而增加 App 被用户搜索到的可能性。

需要强调的是，一般情况下关键字域中的词都能生效或组合为 App 的覆盖词，但覆盖是有一定概率的，如果搜索排名过于靠后（一般为 2300 名以后）App Store 就不会在这个关键词下展示这款 App 了，这种情况也属于关键词没有被覆盖到。

2. 扩词

App Store 根据 App 关键字域中的内容自动扩展出一些相关词汇，这些词只有一部分出现在关键字中。例如关键字域中有"网易"一词，App Store 可能会扩展出"网易音乐"、"网易新闻"、"网易购物"等一系列关键词。扩词是有一定概率的，哪些词能被覆盖到，哪些不能，和关键词的搜索指数、搜索结果都有一定的关系。

3．匹配

App Store 根据 App 类别、属性自动匹配一些相关词汇，这些关键词并没有出现在 100 个关键词字符中。App Store 匹配出来的关键词搜索指数、搜索排名都比较低。在 App Store 算法调整时，匹配出来的关键词也很容易被"清除"。

填写哪些词可以组合出什么词、扩展出什么词，以及 App 在这些词下的预计搜索排名都是 ASO 中重要的经验，在 App 上线／更新后要做好效果跟踪、对比，以总结好优化经验与教训。

5.2.2　影响搜索（结果）排名的因素

能够生效为覆盖关键词的元数据直接决定了 App 在特定关键词下的初始排名，而不能生效为关键词的部分也会对搜索排名产生间接影响。Icon、截图是用户认识 App 的第一步，描述、评论能够进一步获取用户的信任，这些数据最终影响到下载转化率。而特定关键词的搜索展示量、产品页面展示量、下载量同样会对 App 在关键词下的搜索排名产生影响。

1．首次搜索下载量

首次搜索下载是影响 App 在关键词下搜索排名最重要的因素，是指用户通过搜索特定关键词首次下载某款 App 的行为。普通用户首次搜索下载对搜索排名提升有明显的作用，其中付费用户的下载行为影响效果最好。目前，主流 App 采用积分墙用户搜索下载的方式提升 App 在某些关键词下的搜索排名。通过记录用户 IDFA（唯一标识）区分是否为首次下载。同一用户在不同设备的下载行为也会对搜索排名有一定影响，但效果不明显。

2．其他用户行为

用户下载完成后，后续行为也会对 App 搜索排名产生一定的影响，如 App 使用次数、处于活跃状态的设备数量、过去 30 天处于活动状态的设备数量等，这些数值在一段时间内越高，对搜索排名提升的影响越大。除此之外，App 崩溃次数也会影响到搜索排名。

为维护 App Store 的生态系统健康发展，苹果定期调整搜索排名的算法，不断地加强用户行为对搜索排名和榜单的影响，特别是用户活跃状态的权重。

 5.3 关键词优化的基本方法

在 App Store 搜索优化过程中，关键词优化是最简单、最易于操作的部分，关键词优化基本可分为三步，即选词、排序、去重。

1. 选词

根据 App 基本属性选择合适的关键词，按照词的类型建立一个关键词"词库"，在选词时要重点考虑以下几个要素：

（1）相关性

相关性指某个关键字与 App 以及目标用户之间的关联度。不相关的关键字很难产生有效的转化率。开发者要站在用户的角度，想象用户如果想要寻找同类 App 时可能会输入的词语，以及与 App 的特点、功能相关的关键词，也可以参考竞品的关键词覆盖情况，选择相应的词汇。

（2）搜索指数

搜索指数越高，用户搜索量级越大，能为 App 带来的展示量就越多，当然，这也意味着高搜索指数的关键词搜索排名竞争也更激烈。搜索指数低于 4605 的关键词几乎没有用户搜索，没有覆盖的意义。

（3）搜索结果数

搜索结果数体现了关键词的竞争激烈程度，关键字搜索结果数越多，竞争程度越激烈，意味着进入该关键词搜索结果排名前列的难度越大。

通过第三方 ASO 平台（如七麦数据、AppBi 等）的"搜索指数排行榜"这一个功能，可以查找到一些最新的高搜索指数、低竞争度的关键词，这些新兴关键词开发者还未来得及覆盖，但在 App Store 中已经非常流行，是一种性价比较高的词。

以一款视频类 App 为例，首先，综合考虑以上要素，按照不同的类型列举想要添加（覆盖）的关键词：

- 行业词：娱乐，电影，综艺，电视剧，美剧，韩剧，动漫，影视，影音大全，体育，新闻，播放器，下载。
- 品牌词：腾讯视频，优酷视频，爱奇艺，西瓜视频，芒果 TV，哔哩哔哩，搜狐视频，爱奇艺 PPS，土豆视频，乐视视频，聚力视频，暴风影音，百度视频，1905 电影网。

- 通用词：手机，软件，免费，网。
- 方向词：YY，花椒直播，映客直播、百度云盘，抖音短视频，火山小视频，快手，秒拍。
- 其他词汇：鬼吹灯，欢乐颂。

2．排序

选好词后，按照关键词的重要性对所选关键词进行排序，关键词字符中最靠前的位置留给最重要的关键词。排序的目的是为了更好地利用关键词的位置权重。以上关键词经过排序后如下所示：

娱乐，电影，综艺，电视剧，腾讯视频，优酷视频，西瓜视频，搜狐视频，土豆视频，乐视视频，聚力视频，百度视频，爱奇艺，芒果 TV，哔哩哔哩，爱奇艺 PPS，暴风影音，1905 电影网，美剧，韩剧，动漫，影视，影音大全，体育，新闻，播放器，下载，鬼吹灯，欢乐颂，YY，花椒直播，映客直播、百度云盘，抖音短视频，火山小视频，快手，秒拍，手机，软件，免费，网。

3．去重

去除重复关键词。App Store 会对关键词重新拆分、组合，形成各种新的关键词，因此 App 名称、副标题、关键词字符中每个词只需要出现一次即可。

去除相关性差的关键词。相关性差的关键词即使能够覆盖到较好的搜索排名，App 的下载转化率也很低，因此不建议添加这类关键词。

去除搜索指数小于 4605 的关键词，搜索指数在 4605 以下搜索量级很小，覆盖这类关键词的意义不大。但是，部分关键词本身的搜索指数小于 4605，但匹配或扩展出来的关键词可能大于等于 4605，甚至会权重很高，是否去除这类词取决于最终想要覆盖哪些关键词。

中文关键词之间不需要添加标点符号，英文字符也不需要区分大小写，如需强调特定的关键词，可通过重复或前后增加英文逗号的方式加权。最后要将多余的字词删除，将字符数控制为 100 个。经过去重整理后一套完整的关键词如下：

娱乐电影综艺电视剧腾讯优酷西瓜搜狐土豆乐视聚力百度视频爱奇艺芒果 TV

哔哩 PPS 暴风影音 1905 美剧韩剧动漫影视大全体育新闻播放器下载鬼吹灯欢乐颂 YY 花椒映客直播云盘抖音火山小视频快手秒拍手机软件免费网。

以上一版关键词就优化完成了，与 App 名称、标题一同复制粘贴至 App Store Connect 相应的位置，配合版本提交更新就可以了。

4．注意事项

除了以上关键词优化的基本方式外，还有一些优化原则需要注意：

（1）制衡原则

考虑到低搜索指数关键词搜索结果少而高流行词语搜索结果多的制衡原则，流行的功能词语如"购物"、"理财"或"社交"等词可能带来较多的流量，但排名竞争也相当激烈，很难获取有利的搜索结果排名。而低搜索指数的词语带来的流量虽然较少，但竞争也比较小。在关键词优化过程中，可以利用"关键词的长尾效应"通过大量低搜索指数的关键词汇聚 App 展示量。

（2）避免特殊

避免使用特殊字符，如#或@，除非这些字符是商标标识的一部分。当用户搜索 App 时，特殊字符的存在对此不起任何额外作用。

（3）避免堆砌

可以在关键词中重复特定词语以加强权重，当然也要避免元数据中堆砌太多关键词。同时，需要注意的是，在 iOS 11 及 iOS 12 版的 App Store 中，宣传文本和描述不会影响 App 的搜索排名。

在优化关键词时，可以利用第三方数据平台查找相关的词汇，如 AppBi（aso.AppBi.com）的"搜索指数排行"功能，能够按照 App 类别查找高性价比的关键词。七麦数据的"ASO 优化助手"，快速计算关键词字符数、查找重复关键词、预测可能覆盖到的关键词，非常方便，能够提高优化效率。

5．覆盖效果的跟踪

App 版本更新后，要对比前后方案的实际效果，总结经验与教训，这样才能制订出更优秀的方案。利用数据分析工具对比优化前后增加了哪些关键词，减少了哪些关键词，如表 5-3 所示。还可以利用下载量等数据分析各个搜索指数范围、排名范围内关键词数量的变化对 App 展示、获取量的影响。

表 5-3　优化前后效果对比

XX —— XXXXXXXXX(AppID：*********)							优化对比
时间：2018 年 3 月 1 日							

排名在前 50 名的词由 309 个增加到 733 个，增加数量：424 个。排名在前 10 名的词由 77 个增加到 332 个，增加数量：255 个。排名在前 3 名的词由 12 个增加到 111 个，增加数量：99 个。

2017 年 2 月 20 日				2017 年 2 月 28 日			
字体加粗为被替换热词				字体加粗为新增热词			
序号	热词	指数	排名	序号	热词	指数	排名
1	泰国攻略	4605	2	1	泰国攻略	4605	2
2	曼谷攻略	4605	2	2	曼谷攻略	4605	2
3	泰国旅游攻略	4605	2	3	泰国旅游攻略	4605	2
4	**清迈**	**4902**	**2**	**4**	**壹行天下**	**4605**	**2**
5	曼谷	4612	3	5	曼谷	4612	3
6	曼谷地图	4607	5	6	曼谷地图	4607	5
7	**十六番**	**5240**	**5**	**7**	**亿友**	**4606**	**5**
8	曼谷航空	4605	5	8	曼谷航空	4605	5
9	旅行攻略锦囊	4605	6	9	旅行攻略锦囊	4605	6
10	猫途鹰自由行	4613	7	10	猫途鹰自由行	4613	7

5.4　App 名称和副标题的优化

与关键词优化不同，App 名称的副标题优化限制多，稍有不慎就可能出现审核被拒、延误 App 更新的情况。在这两部分的优化中，开发者需要从字符限制、内容、审核三个问题综合考虑。

1．字符

App 名称在 App Store Connect 中的字符限制为 30 个，如图 5-6 所示。国内开发者往往将 App 名称分为两个部分，即常说的"主标题"和"副标题"（注意，这里的副标题是指 App 名称中的副标题，需要与 App 名称下方的副标题 Subtitle 区分开来），中间通过分隔符、括号或者其他标点符号相连接。App 名称的字符数量应控制在 20 个以内，过长的字符可能会在审核中被拒。

图 5-6   App 名称和副标题

副标题（Subtitle）在 App Store Connect 中字符限制也是 30 个，如图 5-6 所示，其位置权重仅次于 App 名称。副标题字符数应限制在 15 个以内，同样是为了顺利通过审核。

以下以腾讯视频的名称为例说明：

腾讯视频—三国机密全网独播

腾讯视频 App 名称字符数量为 13 个，覆盖了"三国""独播"等高搜索指数关键词。在保障元数据审核安全性的同时突出了 App 的新活动，明确了与其他 App 的差异化。

2. 内容

App 名称对于用户发现和下载 App 起着关键性作用。开发者应选择一个简单易记的 App 名称，并能让用户从名称中看出 App 的主要功能。同时，要独具特色——避免用包含通用术语或冗长描述的长名称，避免与已有 App 名称雷同。可以考虑用副标题来更为详尽地描述 App 的功能，而非用 App 名称来描述。避免通用的一般性描述，如"世界上最好的一款 App"，相反，要突出 App 的特点或用例来让用户产生共鸣。

每个词语都有其价值，所以尽量让 App 名称或副标题的文字描述体现出 App 与众不同的特点和功能。例如使用简短的语句来描述主要作用，然后用引人注目的文字列出 App 的几项主要功能点。比如说"饿了么"的名称设置如下：

> 饿了么-专业的美食外卖订餐平台

饿了么的 App 名称既说明了 App 的功能，又将特定的关键词"美食"、"外卖"、"订餐"添加到了 App 名称的位置，提升了这些特定关键词的位置权重。对于用户来说，这样的 App 名称重点突出，能够给用户留下深刻的印象。

3. 审核

App 名称及副标题中不允许非法使用竞品品牌词、名人姓名或其他受保护的词语和词组，也不允许添加价格方面的词汇（例如"免费"），这些也是被 App Store 拒绝的普遍因素。同时要注意避免堆砌太多关键词，选择 2～3 个核心行业词添加到副标题中，组成一句流畅的话语。避免使用特殊字符，如#或@，除非这些字符是商标标识的一部分。用户搜索 App 名称时，特殊字符不会起任何额外作用。比如下面这个例子：

> 优品惠（优购物）-时尚美妆家居直播购物软件

优品惠的 App 名称中，堆砌了六个关键词，被 App Store 拒审的几率很大。

需要说明的是，很多开发者在 App Store 中会发现个别 App 的名称大大超过 30 个字符，如图 5-7 所示，App"去旅行"的 App 名称字符多达 49 个。这是由于在 2016 年 9 月，App Store 中 App 名称字符由 255 个字节减少至 50 个字符，2017 年 9 月又将字符数限制为 30 个。在这款 App"最新版本"一栏中可以看出，最近一次更新时间是 2015 年 3 月 8 日。而在 2017 年 9 月份之后更新的 App，就不会出现这种情况了。

图 5-7　去旅行的 App 名称字符多达 49 个

5.5　针对不同推广方式的搜索优化

iOS 端 App 推广方式有很多，不同的推广方式需要搭配不同搜索优化方法，本节中以 ASO 中常见的推广手段为例，解析不同的优化方式。

1. 针对更新 App 的搜索优化

关键词优化方案不是一成不变的，需要根据 App 上线后实际覆盖情况不断优化、调整，如果一款 App 在上线后没有渠道推广计划，那可将其关键优化目标设定为增加有效关键词的数量。

在更新这类 App 的关键词时，首先要剔除无效关键词，为添加、优化新的关键词留出空间。利用第三方平台"关键词覆盖"功能查看每一个关键词的覆盖情况，去除覆盖效果差（搜索指数小于 4605、排名大于 50）的词语，这些关键词不会为 App 带来展示量，反而会占用关键词字符；标注需要重点优化的关键词，利用位置权重、重复等方式，增加关键词权重；从"词库"中挑选期望覆盖的其他关键词依次排重、添加至字符中。

举例说明，某款 App 原关键词字符中包含"购物"一词，将该词复制到第三方平台"关键词覆盖"页面搜索框中，查询到的词便是"购物"覆盖到的关键词，换句话说，之所以通过列表中的词能够查找到这款 App 是因为关键词字符中添加了"购物"一词。从覆盖情况来看，绝大多数词为有效关键词，因此"购物"一词可以继续保留在字符当中，如图 5-8 所示。

关键词	排名	变化	指数	结果数	操作
零食口袋-进口美食特卖商城网，全球购物块9包邮	1	► 0	4605	1686	
购物大厅	1	► 0	4605	1527	
时尚购物 – 购物全新的体验	2	► 0	4605	1568	
国美plus-购物返利,正品网购	2	▲ 1	4605	381	
购物车	2	▲ 1	4605	1529	
天猫购物	2	► 0	4641	1520	
淘宝网购物	3	► 0	4829	1271	
国美plus-购物达人的社交圈	3	► 0	4605	381	
商城网上购物	3	► 0	4605	272	
购物狂	4	► 0	4888	1590	
生活购物	4	► 0	4633	1629	

图 5-8　第三方平台中"关键词明细"功能

以上节中关键词优化方案为例，将以下每个词语依次在第三方平台查询覆盖词情况，将要重点优化的关键词标记为红色，删除的关键词标记为蓝色，经过分析后的关键词如下：

娱乐电影综艺电视剧腾讯优酷西瓜搜狐土豆乐视聚力百度人人视频爱奇艺芒果 TV 哔哩 PPS 暴风影音 1905 美剧韩剧动漫影视大全体育新闻播放器下载鬼吹灯欢乐颂 YY 花椒映客直播云盘抖音火山小视频快手秒拍手机软件免费网。

接下来，根据分析结果整理关键词，并在"词库"中筛选新的关键词填充，优化后的关键词如下：

腾讯聚力快手娱乐电影综艺电视剧优酷西瓜搜狐土豆乐视百度视频爱奇艺芒果 TV 哔哩 PPS 暴风影音 acfun 咪咕美剧韩剧港剧高清动漫影视大全体育播放器下载欢乐颂 YY 花椒映客直播抖音火山小视频秒拍手机软件免费网。

App 关键词应配合 App 名称副标题一同优化，同时，还应配合近期运营推广活动，添加相应的词汇。例如，视频类 App 有新剧独播时，可将电视剧名称添加至副标题或关键词中，便于用户搜索。

2. 针对渠道推广的搜索优化

部分 App 上线或更新关键词是为渠道推广覆盖特定关键词，在优化关键词时要尽可能地添加目标词汇。机刷对于覆盖词的搜索指数、排名没有要求，只要关键字能够覆盖到目标关键词即可。在优化、添加关键词时，要重点关注搜索结果数多的关键词。积分墙渠道一般只接受搜索结果在 200 名以内的关键词，优化关键词覆盖方案时要注意这一点，重点把握 App 权重、搜索结果数与排名的对应关系，将目标词汇排名控制在 200 名以内。

5.6　关键词覆盖翻三倍的"黑科技"

每个 App 在 App Store Connect 关键字域的字符数限制为 100 个，很显然，对于大多数开发者来说这有限的 100 个字符是远远不够的。在关键词优化的过程中，开发者常常纠结于删除哪些词，保留哪些词，似乎字符永远不够用。想要扩展关键词字符，覆盖更多词语，可以通过多地区关键词覆盖（关键词本地化）轻松地将关键词字符扩展至 200 个甚至是 300 个，这也意味着关键词的覆盖量能够增长 1～2 倍。

1. 关键词多地区覆盖

App Store 在全球范围内有 155 个销售国家和地区，支持 28 种语言，这意味着某些语言可以影响多个销售区域。同一款 App 在其他地区提交的中文关键词也能够在中国区生效！行业中将其称为关键词"本地化"。经测试，在该语种下提交中文关键词能够在中国区生效的语言主要有：

- 中国区，简体中文（中国）。
- 澳大利亚，英文（澳大利亚）。
- 英国，英文（英国）。
- 美国，英文（美国）。

具体来说，在提交关键词时，添加澳大利亚地区的英文（澳大利亚）语言、英国地区的英文（英国）语言或美国地区的英文（美国）语言，并填写 100 个关键词字符，这些字符同时能够在中国地区生效为用户搜索关键词。一般情况下，国内 App 的主要市场为中国，受众为中文用户，因此常常在以上地区提交中文关键词。

根据数据监测，除了简体中文（中国）外，英文（澳大利亚）对中国区关键词覆盖生效率最高，而英文（英国）和英文（美国）同时提交只会有其中一套关键词生效。因此，关键词优化时可以选择简体中文（中国）和英文（澳大利亚）再加上英文（英国）或英文（美国）三个版本的关键词即可。其他地区对中国区关键词覆盖生效率极低，不作为优化的重点。例如一款购物类 App 的完整关键词方案为：

App 名称：

XXX-双十一全球购物狂欢季

副标题：

新人送 388 元大礼包

简体中文（中国）版关键词：

国美在线网易严选闪电降价找货豌豆公主熊猫优选洋码头转转米家有品花生日记贝贝美逛 zara 虹领巾岭南生活一条宜家脉宝云优衣库造作淘粉吧礼物说海淘楚楚街屈臣氏折 800 聚划算识货环球捕手购物超市日本代购海外购

英文（澳大利亚）版关键词：

醒购 51 返呗分期乐天免税店淘宝苏宁易购考拉微店唯品会莴笋干股商城小红书返利网会过男衣库无印良品尤为什么值得买北美省钱快报沃尔玛家乐福大润发永辉万表网服装化妆品护肤品国际正品网购品牌进口零食特卖折扣时尚

英文（英国）或英文（美国）版关键词：

丝芙兰 hm 返还购别样蜂潮新罗趣店小象优品好乐买打折优惠券火球买手云集有赞新浪社交探探 qq 空间聊天同城交友免费掌上游戏直播红包易班易信软件 blued 平台 rela 大学生比邻兴趣部落电视网站社区工具神器全民

其他地区的关键词优化方式与中国区完全一样，但需要注意以下几点：

1）本地化地区填写的语言仍然是中文。添加其他地区关键词的目的是为了增加中国区的关键词覆盖量，主要针对用户是中文用户，所以需要用中文填写。

2）不同地区之间的关键词、App 名称、副标题可以相互组词。在优化关键词时，不同地区之间的词应尽量避免重复。App 名称中"主标题"应保持一致。App 名称中的"副标题"和副标题字域位置权重较高，应尽量不出现重复关键词，这样可以覆盖到更多的词。

3）重点关键词应添加至简体中文（中国）字域，其次为英文（澳大利亚），最后为英文（英国）或英文（美国）。

2. 提交方式

1）登录 App Store Connect，选择"我的 App"。

2）页面跳转至"我的 App"界面后，选择"新建 App"或选择一款 App。

3）跳转至 App 信息页面后，在"App 信息"和"准备提交"版本页面填写在简体中文的 App 名称、副标题和关键词并"储存"。

4）点击 App 信息页面右侧的"简体中文"，添加英文（澳大利亚）、英文（英国）或英文（美国）为本地化语言，如图 5-9 所示。

图 5-9　添加本地化语言

5）在对应语言的文本框中填写中文 App 名称、副标题、关键词等。其他元数据可上传与中国区相同的材料，元数据上传之后点击页面右上角"储存"或"提交以供审核"即可。

5.7 特定关键词没有覆盖到怎么办

关键词优化过程中，常常会出现添加在字符中的关键词没有被覆盖到的现象，遇到这种问题，需要根据具体情况分析原因并给予解决，在 App 更新时重新提交关键词。

1. 原因分析

（1）关键词生效延时

新版本的关键词会在 App 上线或更新后的 1～2 天内生效，但在全部生效之前，尤其是刚刚更新上线的前几个小时，覆盖关键词处于不断扩展的过程中，特定关键词可能还没有生效，因此，在 App Store 或第三方搜索结果中无法查找到该 App。

（2）App Store 搜索引擎索引失败

App Store 根据 App Store Connect 后台填写的关键词进行拆词和重组生成不同的覆盖关键词，当关键词之间存在歧义或分隔不明显时，App Store 可能会对个别词语抓取失败，无法生效为覆盖词或覆盖关键词数量少、排名靠后。

（3）搜索结果排名过于靠后

当关键词竞争力度很大，搜索结果很多，App 在该词下的搜索排名位于 2300 名之外时，App Store 就不再展示了，类似于榜单不展示 1500 名之后的 App。也就是说虽然覆盖到了特定关键词，但用户却无法通过该词搜索到这款 App。

（4）关键词没有被收录

App Store 会将有一定用户搜索量的词收录到苹果关键词词库中，但对搜索指数过低的词，苹果是不会收录的，在第三方平台 App 关键词列表中，也无法查询到这些词。当用户在 App Store 中去搜索这些词语时，能够在其结果中查找到覆盖生效的 App，也就说这类词能够生效，但未被苹果关键词词库收录，也很少有用户会去搜索这些词。例如关键词"超级无敌美少女"不会显示在 App 的关键词覆盖列表，但用户能够在 App Store 中查找到相关的 App。

2. 解决方案

App 上线或版本更新后，关键词会在 1～2 天之内全部生效，如果才刚刚上线几小时，那就不要着急，耐心等待。几天之后还找不到这个关键词，就需要在下次版本更新时，重点优化没有覆盖到的关键词。通过特定关键词前后添加英文逗号，加强分隔便于苹果抓取。或者利用关键词字域的位置权重，将特定关键词添加到高权重的位置——App 名称、副标题、关键词字域中靠前的位置（竞品品牌词不可以添加到 App 名称或副标题中）。或者重复关键词 2～3 次，提升关键词的权重，从而达到提升特定关键词的搜索排名的目的。

对于未被 App Store 收录的关键词，不建议添加。这些词搜索量级很小，对 App 展示量的提升没有意义，反而占去了关键词字符，在后期关键词优化过程中可以替换为搜索指数在 4605 以上的关键词。

 ## 5.8　如何应对 App 名称、副标题审核被拒

关键词优化方案需要配合 App 上线或更新提交，如果违背了"苹果审核条款"中的 2.3.7，也就是"App 名称或副标题中包含了不适用于元数据的关键词"，那么 App 审核可能因此被拒。苹果将会以邮件的形式告知原因并要求修改、重新提交。邮件内容如下：

1. 问题描述

Your app name or subtitle to be displayed on the App Store includes keywords or descriptors, which are not appropriate for use in these metadata items.

Specifically, the following words in your app name or subtitle are considered keywords or descriptors:

XXX-XXXXXXXX（一般是 App 名称）

Next Steps

To resolve this issue, please revise your app name or subtitle to remove any keywords and descriptors from all localizations of your app. Keywords can be entered in the Keywords field in iTunes Connect to be used as search terms for your app.

Resources

For information on how to revise your app name, please review Renaming a Project or App.For information on changing the app name and other metadata in iTunes Connect, please review the View and edit app information page.

For resources on selecting a memorable and unique app name and subtitle, you may want to review the App Store Product Page information available on the Apple developer portal.

以上邮件的中文翻译如下：

您的 App 在 App Store 中的名称或副标题包含关键字或描述符，不适用于这些元数据。

具体来说，您的 App 名称或副标题中的以下单词将被视为关键字或描述符：

XXX-XXXXXXXXXX

下一步

要解决此问题，请修改您 App 名称或副标题，以从 App 的所有本地化中删除任何关键字和描述符。可以在 App Store Connect 中的关键字字段中输入关键词，以作为 App 的搜索字词。

参考

有关如何修改 App 名称的信息，请参阅重命名项目或 App。有关更改 App Store Connect 中的 App 名称和其他元数据的信息，请查看和编辑 App 信息页面。

有关选择难忘而独特的 App 名称和字幕的资源，您可能需要查看 Apple 开发人员门户网站上提供的 App Store 产品页面信息。

以上就是 App 名称或副标题被拒后最常见的邮件，简单来说就是 App 名称或副标题中包含了一些不适用于元数据的词语，至于哪里不适用？如何不适用？苹果并不会说明，还需要开发者根据个人经验予以判断。

以下是"应用商店审核指南"中对于 App 名称及副标题的规定：

2.3.7 Choose a unique app name, assign keywords that accurately describe your app, and don't try to pack any of your metadata with trademarked terms, popular app names, or other irrelevant phrases just to game the system. App names must be limited to 30 characters and should not include prices, terms, or descriptions that are not the name of the app. App subtitles are a great way to provide additional context for your app; they must follow our standard metadata rules and should not include inappropriate content, reference other apps, or make unverifiable product claims. Apple may modify inappropriate keywords at any time.

以上邮件的中文翻译如下：

选择一个独特的 App 名称，填写准确描述 App 的关键字，并且不要尝试使用注册商标、热门 App 名称或无关短语来戏弄系统。App 名称必须限制为 30 个字符，不应包含与 App 不相关的价格，条款或描述。副标题可为 App 提供额外的信息，它们必须遵循我们的标准元数据规则，不应包括不当内容、涉及其他 App 或使无法验证的产品声明。Apple 可以随时修改不适当的关键字。

"应用商店审核指南"明确说明了填写 App 名称和副标题的原则：

1）准确描述 App 属性。

2）不得使用违规词语和不相关词语。

2．解决方案

一款符合苹果审核标准的 App 名称或副标题应该兼顾以下两个方面：

（1）用户体验

App 名称、副标题最终都是展示给用户的，因此直接关系到 App 的转化率及下载量。很多 App 为了利用位置权重，将关键词简单地堆积到 App 名称或副标题中，这使 App 看起来很"山寨"，即使有很高的展示量，转化率也不会太好。App 名称应着重介绍 App 的产品功能和特色，能够给用户带来深刻的印象，吸引用户进一步了解 App。

（2）搜索优化

App 名称、副标题的位置权重很高，添加 2～3 个关键词并组成流畅的句子，既能够提升关键词覆盖质量，也能顺利通过苹果审核。个别开发者通过将竞品词添加至 App 名称或副标题中的方式"蹭量"，反而导致审核被拒的悲剧。

根据数据统计，App 名称（副标题）因违规而导致二次审核被拒的概率高达 60%以上，如果急于上线或更新，为避免审核再次被拒，建议暂时将 App 名称中的副标题或副标题去除，待下次版本更新时再添加。

5.9　类别与 App 内购买项目的优化

App 上线或更新时所选择的类别，是 App Store 搜索引擎匹配关键词的重要依据，因此，选择与 App 相关的类别也是搜索优化的组成部分。iOS 11 之后版本的 App Store 将 App 内购买项目加入搜索结果中，用户可通过搜索内购项目名称发现下载 App，因而内购项目的优化能够提升 App 展示量。

1．类别

App 类别选项（如图 5-10 所示）可以帮助用户在浏览 App Store 或筛选搜索结果时发现开发者所推广的 App，也决定着 App 是否可以出现在 App 菜单页或游戏菜单页。

图 5-10 App 类别

在选择 App 的主要类别时，确保该类别是与 App 最为相关的类别。如果选择的类别与 App 不相关，可能在提交审核时遭到 App Store 的拒绝。

2. App 内购买项目

iOS 11 之后版本的 App Store 中，开发者最多可以在产品页面中展示 20 个 App 内购买项目。用户可以直接在 App Store 上浏览 App 内购买项目产品页面，甚至在下载 App 之前就开始购买。被苹果推荐的 App 内购买项目会显示在 App 产品页面中或搜索结果中，并且有可能在 Today、游戏和 App 页面中展示。

（1）宣传图片

每个 App 内购买项目都需要一张最能代表内购特色的宣传图片（适用于运行 iOS 11 或更高版本的设备）。这张图片会显示在 App Store 产品页面。宣传图片不应该是截图，也不应与 App 图标混淆。

宣传图片格式要求为是 1024×1024 像素的 PNG 格式图片或 JPEG 格式的图片。虽然图片尺寸要求得比较大，但通常会以小尺寸在设备上显示。

当 App 内购买在产品页面以外的其他位置出现时（例如，在搜索结果中），App 图标将会展示促销图片左下角。因此，图片设计应尽量避免将重要细节放在左下角。同时不要在图片上叠加文字。

App 内购买宣传图片需要配合版本更新，通过"App 审核"的批准，才能够展示在 App Store 产品页面上。

（2）App 内购买项目名称

App 内购买项目名称最长可以有 30 个字符。项目名称应通俗易懂，能够让用户轻松理解内购的功能，并以某种方式将名称与 App 绑定。在优化 App 内购买项目名称时，可添加与 App 相关的关键词，增加搜索权重。避免使用类似于"100 宝石"这样的通用名称。对于自动续订订阅，应包含内购买的持续时间。

（3）App 内购买项目描述

描述的字符限制为 45 个，所以需慎使用每个词，要生动形象、准确简洁地突出 App 内购买项目的益处。内购买描述无法被 App Store 搜索引擎索引。

（4）自定义推荐的 App 内购买项目

开发者可以使用 SK Product Store Promotion Controller API 自定义用户在特定设备上看到的 App 内购买项目。例如，隐藏用户已在该设备上拥有的内购，或根据游戏玩法在游戏中显示最相关的内容。

（5）分发促销代码

通过分发 App Store Connect 的促销代码，让用户尽早访问 App 的内购买项目。开发者最多可以为每个 App 内购买项目发放 100 个促销代码，每个 App 最多可有 1,000 个促销代码。优惠码生成之后有效期是 28 天。

用户使用促销代码下载的 App 在功能上与通过购买获得的 App 相同。但是，不能对使用 App Store Connect 促销代码下载的 App 进行评分或评论。

第6章
转化率优化

转化率是指一款 App 从被用户发现到点击进入产品页面到最后下载 App 的转化比率。ASO 的最终目的是通过展示量的提升获取更多真实用户。开发者可通过获取精品推荐、榜单优化、搜索优化提升 App 展示量，但这些展示能否转化为下载用户还是一个未知数。本章内容主要介绍能够提升 App 转化率的优化方法。

6.1　App Icon 优化

尽管单凭一个 App Icon（App 图标）无法完全反映出一款 App 的品质和功能，但是一个引人注目的 Icon 是 App Store 优化中必不可少的一环，一个好的 Icon 可以让 App 在用户一眼扫过去后便脱颖而出。

当用户在 App Store 中查找到一款 App 时，Icon 的样式是用户对 App 最直观的感受。用户在 App Store 的搜索框中输入某个关键词进行搜索，App Store（iOS 11 系统）会列出一系列相关的 App，包括 App Icon、App 名称、副标题（如没有则在列表页显示 App 类别名）和三张截图。这时，90% 以上用户的注意力会在第一时间被 Icon 所吸引，而一款拥有引人注目的 Icon 的 App 会有更大的几率让用户点击进入查看产品页面。

大部分 App 开发者对 UI 设计并不擅长，所以一般公司都会专门聘请专业的 UI 设计师来设计 App Icon。当然，尽管如此，一款 Icon 也需要经历市场和用户的选择，并随时间不断更新、调整，才能达到引人注目的效果。

App Icon 的设计之前，应仔细阅读苹果关于 Icon 设计的官方说明（https://developer.apple.com/ios/human-interface-guidelines/icons-and-images/app-icon/），了解相关规则及政策，这样才能游刃有余在不违规的情况下创造让人赏心悦目的 Icon。

在优化一款 App 的 Icon 时，应注意以下几点：

1）Icon 与 App 本身的功能及风格应保持一致。Icon 和 App 本身应该具有极大的相关性，要尽可能让用户可以从 Icon 的样式和风格中对 App 形成大致印象。

2）Icon 内容尽可能简单化。苹果无论是硬件还是软件，甚至实体门面都比较推崇简风格。因此，App 的 Icon 也应尽可能贴近这种极简风格，这一点十分重要。如果 App Icon 太过复杂，用户无法从中找到重点，更无法根据 Icon 判断 App 的功能和特点。

3）最好不在 Icon 上显示过多文字内容。在 Icon 上显示太多文字并不十分讨喜，首先，用户不一定会耐心去看 Icon 中的文字内容；其次，尤其对于手机用户而言，屏幕相对较小，文字显示可能带来不友好的用户体验。应尽量把文字内容放到 App 产品页面的描述内容中。

4）注重 Icon 元素颜色的选择与搭配。颜色与人类情感之间存在很大的关联度。比如，大多数人认为红色可以使人温暖，绿色会让人联想到生命与成长，蓝色则显得稳重大方而富有科技感。当前很多备受用户喜爱的 App 的 Icon 颜色都相对让人感到积极、温暖，比如网易云音乐、淘宝、微博等。优秀的配色方案对 Icon 十分重要，也一定程度上有利于提升公司的形象。

6.2　App 截图优化

当用户在 App Store 里查看某款 App 时，首先映入眼帘的除了 App 名称和 Icon 外，便是占篇幅很大的 App 截图。截图最能直观地向用户展示 App 功能和特点，所以开发者要好好利用好这部分内容，尽可能多方位、多角度地呈现 App 的主要风格和引人之处。以下内容介绍主要的 App 截图展示方式，可作为开发者进行 App 截图优化时的参考。

1. 手机屏幕截图

在 App Store 中，以手机屏幕截图展示某款 App 在实际手机操作中的界面，这是最为常见、最为大众的一种截图展示形式，如图 6-1 所示。但是，也正是由于多数 App 开发者都采用这一形式，所以可能会显得缺乏创意。对开发者而言，这一形式最为省心，只要用手机打开 App 进行截屏，不加修饰或略加修饰（如添加简单的文字说明等）上传到苹果后台即可。对用户而言，可以直观地看到 App 在使用过程中的功能界面，不过也会多少感觉有些千篇一律、单调乏味。

APP 屏幕截图分两种风格。第一种风格是没有任何背景和文字说明的 App 屏幕截图，可以给用户最准确、最客观的感觉，而无须对用户进行引导，也不必担心添加的修饰文字会挡住 App 中的重要元素。第二种风格在第一种的基础上附加文字说明或其他修饰内容，较第一种而言，第二种风格为用户提供更多的解释和引导内容。

2. 实际手机截图

实际手机截图是将 App 的屏幕截图放在真正的手机样式中，并在顶部注明标题，如图 6-2 所示。这种"实际手机+标题说明"的形式也颇受广大开发者青睐，相对单一的手机屏幕截图而言，这种形式还算新颖，而且也容易与 App Store 用户产生共鸣。

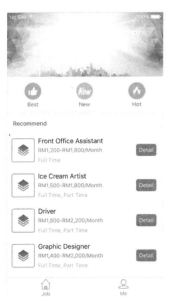

图 6-1　手机屏幕截图　　　　　　　　图 6-2　实际手机截图

实际手机截图通常设计为：

● 使用全部/部分手机样式（研究显示使用完整的手机样式效果更好）。

- 重要文本内容突出显示（放大/加粗/添加背景色）。
- 文本内容最好控制在 1～2 行以内。

3. 实际手机截图增强版

实际手机截图增强版在实际手机截图的基础上添加创意元素，如图 6-3 所示，比如添加更多卡通内容，引人眼球的设计风格可以吸引更多的用户在 App Store 的 App 产品页中驻足，从而驱动更多的下载量。这种形式一般具有以下特点：

- 引人注目的背景图片，吸引用户注意力。
- 采用较深底色的图片，显得文字更加清晰。
- 选用与 App 风格相符的文字样式。
- 直观地展示 App 的功能特点和 UI 风格。

4. 动画手机截图

App Store 里的 App 截图介绍有一种新的潮流趋势，就是使用动画版手机截图，如图 6-4 所示，这一形式越来越得到开发者喜爱（不过研究显示这种形式带来的转化率并不如想象中那么高）。

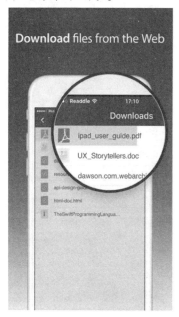

图 6-3　添加创意元素的手机截图　　　　图 6-4　动画手机截图

动画手机截图，就是将实际手机的样式进行动画形式的设计，其样式不像实际手机那么真实，但充满动画效果，这类样式得到了部分用户的喜爱。

5. 动画手机截图增强版

将动画手机样式加强设计成更具设计感、时尚感的截图风格，即为动画手机截图增强版如图 6-5 所示。这种形式适合具有知名品牌的 App，这类 App 希望在 App Store 中尽可能地展示其品牌风格和内容。在这种风格下，实际手机的样式可以被设计为屏幕截图融为一体或定制化的产品页面背景，而在实际手机上 App 并无法实现这样的展示效果。

6. 双手机屏幕截图

当第一款使用双手机屏幕截图的 App 出现在 App Store 中时，很多用户都被该 App 的产品页所吸引，如图 6-6 所示。这样的设计样式可以让用户更为直接地看到 App 本身的使用情况，而无须多次滚动屏幕。同时，双手机屏幕截图可以更多地展示 App 所具有的功能。

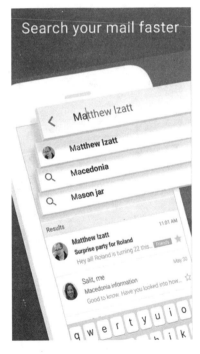

图 6-5　动画手机截图增强版样式增加设计感　　　　图 6-6　双手机屏幕截图

一般而言，双手机屏幕截图的样式尤其适合于通讯类、社交类 App 产品。

7．实际功能截图

很多知名 App 在 App Store 的展示页中截图部分采用 App 实际功能的截图，如图 6-7 所示。这样的样式也比较容易吸引用户的注意力，尽管这些图片并不一定是用户期待在 App 内使用的功能，但也或多或少地展示了 App 相关的某些实际使用场景。同时，真实图片截图也会包含一些增强元素，使整个屏幕截图显得充满动态感，比如添加了扫描仪灯光的效果或对话气泡的设计样式。

8．连贯故事截图

通过研究 App Store 各式各样的截图样式，不难发现连贯故事模式的截图（如图 6-8 所示），这也是一个有趣的新趋势。这种风格的样式为用户提供个性的视觉体验，有利于向用户介绍更多的 App 细节，通过更少的文字来表达更多的内容，结合透明并连贯的设计风格，吸引用户的注意力。这类连贯故事截图样式是目前较为受欢迎的一款，也是用户比较喜欢看到的界面内容。

图 6-7　实际功能截图

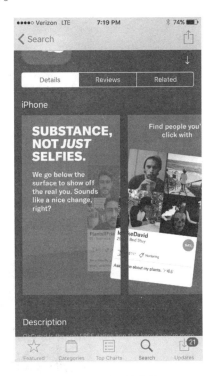

图 6-8　连贯故事截图

9. 手机双拼截图

App Store 中采用手机双拼截图的 App 并不多见（如图 6-9 所示），但这一形式也颇受一些敢于创新与挑战的开发者所喜爱。这种形式下，截图的连续两张图拼在一起从而组成一张统一完整的展示图片。由此形式连接而成两张图各有其特点，却又合二为一产生新的效果，对用户颇具吸引力。

图 6-9　手机双拼截图

10. 横屏截图

以上总结的截图样式都是竖屏形式，还有很大一部分 App 在本身使用过程中需要将手机横屏以享受最佳的使用体验。所以，这类 App 的开发者一般都会采用横屏形式的截图，如图 6-10 所示，这样才能更加贴近 App 实际。同时，横屏的截图也可以让用户省去滚动屏幕的时间和精力便可以对 App 内容一目了然。

图 6-10　横屏截图

App 截图可以有很多种玩法，更多创意点子还等着机智的你去开拓!

6.3 App 视频的优化

在 App Store 中添加 App 预览视频，可以增加用户在 App 产品页面停留的时间，从而增加用户下载 App 的概率。如图 6-11 所示，著名的游戏王者荣耀，其 App 的搜索结果页面就有一段精彩的视频预览。数据显示，观看视频的用户的下载概率约为其他用户的 3 倍之多。

图 6-11 王者荣耀搜索结果页面的视频预览

无论是免费榜、付费榜还是总榜，排名前 50 的 App 大多都使用预览视频来更形象地全面展示 App，从而提升转化率，提高排名，如表 6-1 所示。通过视频进行推广一般被认为是当今最佳的营销和内容分发方式。App Store 的 App 预览视频在 iOS 11 版本之前无法自动播放，这增加了用户点击的操作，降低了视频推广的价值。而 iOS 11 之后的 App Store 中，预览视频默认自动静音播放，放大了视频被用户播放的百分比，从而可以有效帮助开发者提高 App 的下载量。

表 6-1　Top 50 App 中使用预览视频的比率

榜单类型	使用视频比率
免费榜 Top 50	54%
付费榜 Top 50	48%
总榜 Top 50	84%

App 视频优化的关键点如下。

（1）开端

App 预览视频要从最具说服力、最具吸引力的信息开始展示，从用户看到视频的那一刻起紧紧抓住用户眼球，可以增加观看用户的下载率。因此，在制作预览视频时，必须思考预览视频如何在前十秒甚至前五秒中吸引用户。如果视频开端内容平实、毫无特色，或者十分拖沓，那么用户可能在视频还没播放完便扭头走人了。

（2）声音

视频里的背景声音同样是一个视频能否吸引用户的一个至关重要的因素。通过个性的声音可以使视觉体验更丰富、更完善。节奏的快慢也要与视频内容相匹配，以尽可能地突出视频特色。

（3）时长

预览视频的时长不宜过长，据统计，视频每播放 5 秒，约有 10% 的用户会放弃观看。因此，视频的时长要把控得当，视频时间太短，可能无法传达出 App 的信息，而视频时间太长，可能会流失很多潜在用户。

（4）个数

iOS 11 及之后的版本中，App Store 里一个 App 的预览视频增加到了三个，大小不超过 500M。三个预览视频，意味着开发者可以向潜在用户传递更多的讯息，比如通过预览视频让用户了解 App 的性质、亮点功能和好处等。

三个预览视频的设置也意味着开发者制作视频时有更多的创造性、主动性，例如，开发者可以制作更短、更精简的视频放在第一个位置，而更有营销意味、更体现品牌化的视频作为第二、第三个预览视频。这样弥补了单个预览视频的不足，使用户可以对 App 形成一个较为全面的印象。

6.4　文本信息的优化

在 App Store 产品页面中，除了开发者、版本更新等文字信息外，有三块文字内容需要格外注意，它们是：App 名称、副标题和文字描述。引人入胜的 App 名称、副标题和文字描述可以激发用户对 App 的兴趣，从而驱动用户的下载行为。

1. App 名称

App 名称对一款 App 的成败起着至关重要的作用。开发者应选择一个简单易记的 App 名称，并能让用户从名称中看出 App 的主要功能。一般而言，App 名称应具备以下特性：

（1）简单易记

App 名称一般由 2~4 个汉字或 1~3 个英文单词构成，且要避免生僻字、复杂字。足够简单明了的 App 名称才能够让用户更好地记忆和使用。如果名称太过复杂、太过拗口，此类 App 一般在下载前就会被用户放弃。

（2）体现功能

App 名称最好能够直接或间接地体现出 App 的功能和特点。让用户看到 App 名称便能够联想到这款 App 有哪些功能、可以满足哪些需求、具有哪些特点等。如"土豆视频"，从字面上便可以了解这是一款视频 App。这也代表了目前众多 App 名称的特点：个性名称+功能性名称。这类例子数不胜数，如虾米音乐、智行火车票、火狐浏览器……

（3）独具特色

App 名称应该避免用包含通用术语或冗长描述的长名称，那样毫无特色而言，甚至还可能引起用户反感。同时，要避免与已有 App 名称雷同，容易让用户混淆。

2. 副标题

在 iOS 11 及之后版本的 App Store 中，可以考虑用副标题来更为详尽地描述 App 的功能，而非用 App 名称来描述。副标题描述可以用简短的一句话介绍 App 的性质和特点。在 App 标题下方新增的位置，长度限制在 30 个字符以内。

（1）突出特色

副标题要避免使用通用的一般性描述，如"世界上最好的一款 App"或"全球第一的游戏"等。这类太过于"夸夸其谈"的描述太过宽泛，也完全无法打动用户、吸引用户。相反，要突出 App 的特点或用例来让用户产生共鸣。

（2）了解权重

在 iOS 11 及之后版本的 App Store 中，副标题一定程度上占有搜索的权重，因此建议最好填写副标题。目前 App Store 中仍有约 40% 的 App 并没有副标题，对其所占搜索权重缺乏重视。

3. 宣传文本及其他文字描述

每个词语都有其价值，所以尽量让 App 的所有文字描述都为体现出 App 与众不同的特点和功能这一目标而服务。不要忽视 App Store 中宣传文本的作用，只有宣传文本内容足够简洁有力、独具特色，才可能引导用户点开阅读更多的文字描述。首先要用简短的语句来描述主要作用，然后用引人注目的文字列出 App 的几项主要功能点。要注重逻辑和排版，大量的文字内容可能很少有用户会有耐心仔细阅读，因此好的文字排版也十分重要。

同时，可以在推荐描述中分享关于该款 App 的最新消息，例如推广信息、限时活动信息和新版发布信息等。

6.5 评论优化

一款 App 是否能得到用户青睐取决于很多方面的因素，其中有一项比较关键的因素是开发者不容忽视的——评论。几乎所有的用户在下载某款 App 前都会浏览它的评论列表，一般而言，App 的评论类型分为以下几种，如图 6-12 所示：

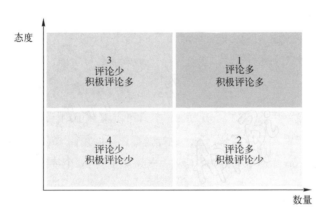

图 6-12 App 评论类型

- 评论数较多，其中多为积极的评论。
- 评论数较多，其中多为消极的评论。
- 评论数较少，基本为积极的评论。
- 评论数较少，基本为消极的评论。

如该象限图所示，横坐标轴表示 App Store 中 App 的评论总数，纵坐标轴表示用户评论内容所体现的态度（积极/消极）。当评论数量较多，且多为积极内容时，驱动用户进行下载的概率最大；其次，如果评论数量较少，但多为积极内容，也可以很大程度上促使用户点击"获取"进行下载；而不论评论数量的多少，如果赞扬的内容不多，而大多是批评、抱怨等内容，则用户一般不会选择进行下载。

可见，评论质量的优劣几乎直接影响到用户的下载行为，那么该如何争取到积极的评论内容呢？

1. 恰到好处地弹出提示，引导用户发布积极评论

这招可谓是成效最大但也风险最大，因为要做到"恰到好处"是需要开发者/运营者下点功夫的，稍不留神引起用户反感，反而可能引来用户消极的评论，那就得不偿失了。

所谓"恰到好处"就是要在用户使用 App 的期间，选择最佳时机，然后弹出提示让用户前往 App Store 进行评论。时机的把握上需要注意以下三点：

（1）在用户使用一段时间后再发出提示

刚使用 App 的用户对 App 还在"试用"阶段，对 App 的很多功能尚不熟悉，此时便弹出提示，用户可能无从下手，不知道从何说起。所以，最好是在用户已经使用 App 一段时间后，再发出提示。

（2）在用户对 App 感到满意时再发出提示

如果用户正苦恼于 App 的某个功能或操作不佳带来较差的用户体验时，此时再弹出一个评论提示，无疑是为用户提供了吐槽的渠道。所以，最好是在用户完成了某项操作、达到了新的等级或完成了某个任务时发出提示，这样用户在心情较好的情况下更容易发表积极的评论。

（3）发出提示前确保 App 处于稳定

如果 App 正经历改版或 bug 修复，可能用户在使用 App 时有不流畅等不稳定的现象，此时弹出提示会增加用户的反感，可能导致用户发布消极的评论。所以，发出提示邀请用户进行评论前需确保 App 处于稳定状态。

2. 打造符合 App 风格并讨人喜欢的提示内容

在使用某款 App 时，偶尔会弹出邀请评价的提示框，如图 6-13 所示，提示框中的文案也可谓五花八门，有的平铺直叙，有的则略显俏皮。不同的文案内容会呈现给用户完全不同的感觉，也会或多或少体现这款 App 的特点。所以邀请评价的弹框文案内容也需要开发人员/运营人员花些小心思。

如果您觉得满意，就鼓励我们一下吧~	表情萌萌哒，求个好评哦^_^
鼓励一下	去AppStore评分咯~
我要吐槽	不再提醒
再用用看	下次再提醒

图 6-13   提示评论内容

邀请评价的文案内容如果在弹出瞬间引起了用户的兴趣和热情，那么随之而来一定是包括很多赞美之辞的积极评论。反之，如果邀请评价的弹框激不起用户的兴趣，可能用户不肯花时间前往 App Store 进行评价，那么开发者就可能丢失了一次获得积极评论的机会。而如果弹框内容起到了反作用，引起用户反感，可能会引来消极的评论，那么弹框的设计便是适得其反了。

3. 接受用户反馈内容，积极回复并帮助解决

如果用户在 App Store 评论列表中发布的评论内容是针对 App 提出的一些值得借鉴的建议，或发表了自己关于 App 的一些看法、意见，开发者可以直接在 App Store 里回复用户的评论来解决他们的问题或疑惑，或者也可以在回复中表达对用户提出看法的感谢，并表示会继续改进 App 的质量和体验。

（1）用户收到回复后，可以选择是否修改评论的内容

由此一来，如果用户之前发布了消极评论，而根据开发者的回复，用户所提的问题已经得到解决，那么用户很可能将其改为积极的评论。

（2）在 App Store 产品页内，每条评论下只展示一条回复内容

尽管如此，如果用户的反馈是长期性的，开发者也可以多次回复并持续跟进用

户的问题，直到问题得到解决。

　　高评分和积极的评论内容会吸引用户浏览 App Store 产品页并下载 App。回复用户的反馈可以增加用户参与度并利于提高 App 的评分。

4. 其他要点

- 如果希望用户在不退出 App 的情况下在 App Store 中发布评论，可以用 SKStoreReviewController API，只需选择提示用户进行评分的时间即可。365 天内可以最多发出 3 次提示。

- 开发者最好在 App 产品页中注明用户反馈渠道和联系方式，如果用户在使用 App 过程中遇到困难可以直接联系进行解决，避免用户因困难未得到及时解决而发布差评。

　　评分和评论直接影响某款 App 在 App Store 搜索结果中的排名，也会引导用户从搜索结果中点击进入 App 产品页查看。所以开发者要努力提供好的 App 使用体验，通过以上"三招"，鼓励用户在 App Store 中留下积极的评论内容。

第 7 章
人工干预优化

积分墙和机刷是 ASO 中最常用的两种外部人工干预优化手段，其中机刷是苹果明确禁止的方式（作为一种行业存在的现状，本书在此对机刷做一定的概述，但并不鼓励开发者使用这种优化方式）。为了避免机刷等不正当的竞争方式，App Store 常常会通过算法调整来弥补漏洞，具体表现为 App Store 出现的各种异常。本章主要介绍积分墙及其优化手段以及 App Store 常见的调整方式。

7.1 人工干预优化的主要方式

7.1.1 积分墙干预优化

1. 什么是积分墙

积分墙是一种第三方移动广告平台。开发者可以在这类平台上发布任务（如下载安装 App、注册、填表等），用户按照要求完成相应的任务获取积分或现金奖励。如图 7-1 为积分墙平台。

2. 积分墙可用于哪些优化

（1）积分墙与榜单优化

影响 App 在各类榜单排名的主要因素就是下载量，也就是说下载量在提升榜单排名方面占有较大的权重。一段时间内，开发者在积分墙任务平台上发布大量的下载任务集中获取用户，达到提升榜单排名的效果。由于积分墙用户的 Apple ID 权重低，所以要达到同一目标排名所需要的量级比自然用户高。

图 7-1　积分墙平台

（2）积分墙与搜索优化

1）搜索结果优化。

影响关键词排名的因素有很多，其中最重要的因素是首次搜索下载量。开发者通过在积分墙平台发布任务，指定用户通过特定关键词搜索并下载该款 App，从而提升该 App 在关键词下的搜索排名。

例如：搜索关键词"旅行攻略"，App"曼谷一游"排在第 11 名，假如该 App 在积分墙平台发布任务，要求每天有 1000 左右积分墙用户通过搜索"旅行攻略"点击、下载"曼谷一游"，则该 App 在"旅行攻略"下的排名会有所提升，甚至在搜索排名更新后直接提升至前 3 名的位置。

2）联想词优化。

联想词也被称作下拉词，是指在 App Store 搜索引擎中输入核心关键词时，系统自动匹配并展示的关键词。联想词是为方便用户搜索而设置，提高了用户搜索效率。关键词能否被收录为联想词取决于该词的搜索量，一个关键词下的联想词数量为 10 个或 10 个以下。搜索指数较高的核心关键词竞争压力大，积分墙优化成本高。而联想词相对成本较低，能够提升 App 搜索、展示量，而且曝光精准，带来的用户转化率高。

通过积分墙创建联想词，首先要将选择的核心关键词添加至 App 标题或关键词中，确保能够通过该词搜索到 App。其次，将该核心词与 App 品牌词结合创建新的词组。最后，通过积分墙发布任务，大量用户搜索该词组直至 App Store 将其收录至联想词中。由于词组中添加了 App 品牌词，用户搜索该词组时，App 始终展示在第一位。

例如搜索关键词"旅行"（搜索指数 9832）时，App"曼谷一游"位于第 664 名，在该词下的曝光基本为零。如果将核心关键词"旅行"和 App 品牌词"曼谷一游"结合，组成新的词组"旅游·曼谷一游"，通过大量的积分墙用户搜索下载，大约每天需要 1000 次下载左右的量级，投放一周的时间，使 App Store 将其收录至"旅行"的下拉词中。用户搜索"旅行"一词时，关键词"旅游·曼谷一游"就会出现在联想词中。"曼谷一游"在关键词"旅行"下的展示量将大大增加。

（3）评论优化

评论是用户对 App 评价的第一印象，优质的评论能够"诱导"用户下载 App，从而提升转化率。同时，评论数量、星级对 App 的综合权重、榜单排名、关键词排名也有重要影响。通过 AppBi 的数据分析，优秀 App 的评论星级维持在 4.5 星～5 星之间。部分开发者为了将评论星级维持在较好的范围内，往往通过评论优化的方式在积分墙平台发布任务。用户首先通过 App Store 下载 App，之后对该 App 做出 5 星好评、撰写评语。

优化虚假评论（积分墙投放评论）是违反苹果规定的行为，一旦被发现则有可能遭受处罚。因此，每天评论优化的数量要控制在合理的范围内。

（4）其他优化方式

对于一些品牌知名度高的 App 来说，它们的用户量已趋于饱和，无须再做太多的推广。这些 App 投放积分墙主要目的是清洗用户，也就是说，通过积分墙能够促使那些还未使用过该 App 的用户完成下载并激活，如果产品本身足够出色，能够对用户的兴趣点产生刺激，必然会有相当量级的用户留存。

3. 积分墙的优缺点

（1）积分墙提升排名、安全系数高

对于积分墙投放，苹果采取默许的态度。虽然没有明确禁止，但也不鼓励这种行为。相对机刷，积分墙的安全性更高，极少有 App 因积分墙投放受到处罚。当前，积分墙受到主流 App 的接受和认可。

（2）积分墙获取的用户质量差

积分墙是获取用户的有效手段，在数量提升上有明显的优势，但相对信息流等非奖励用户，留存率、活跃度低。对于大部分 App 开发者来说，他们更希望获取的是搜索结果达到目标排名后通过搜索而来的自然用户。

7.1.2　机刷干预优化

1. 什么是机刷

机刷是通过机器破解 App Store 算法，操作苹果账号的定向行为（搜索关键词、点击、下载）来提升榜单排名、关键词排名的优化方式。目前机刷主要分为两种——协议刷、真机刷。

协议刷的基本原理是破解 App Store 的报文协议，利用多地服务器及各地区 VPN 模拟用户行为，短时间内完成大量搜索和下载。这种操作方式不需要真机，也不需要真正下载 App，因此可以在短时间内完成大量下载，通过这种方式来达到提升榜单排名、关键词搜索排名的效果。

真机刷是通过一键改机或脚本自动化运行工具，实现大量手机（苹果机房）自动模拟用户行为，并做真实的下载与安装。每完成一次操作就会更换手机的参数使之成为"另一台手机"。这种操作有真实的下载和安装行为，相对协议刷而言所需时间较长。

机刷属于苹果明确禁止的 ASO 手段，使用这种优化方式虽然有很明显的效果，但也很容易被苹果发现，遭到清榜、清词甚至是下架的处罚。

2. 机刷可用于哪些优化

机刷是一种简单粗暴的人工干预方式，常用于榜单优化、搜索结果优化和热门搜索词优化等。对于开发者来说，只需要选择目标榜单排名或目标关键词，具体操作是由机刷渠道操作。

3. 机刷的优缺点

（1）机刷见效快、性价比高

无论是榜单排名还是搜索排名，机刷都能在很短的时间内达到目标排名，而且相对积分墙成本要低得多。协议刷榜单、搜索排名维持时间较短，真机刷排名效果能够维持 7～9 天。

（2）机刷提升排名风险大

机刷不是真实的用户下载，属于作弊行为，是苹果明确禁止的。苹果一旦发现就会给予处罚，尤其是刷榜单排名，最快两个小时就会被下架，即使是只机刷搜索排名也很容易遭到苹果屏蔽搜索入口。

机刷和积分墙是开发者常用的两种人工干预优化方式，这两种方式各有利弊，开发者在利用的过程中应综合考虑是否适用以及风险性等因素。同时，再次提醒 App 开发者，机刷方式有风险，是作弊行为，切勿采用。

7.2　积分墙与搜索结果优化

目前市场上使用最多是通过积分墙提升 App 在特定关键词下的搜索排名。从 2016 年底开始，App Store 不断调整算法，积分墙对搜索排名的影响不再像从前那样明显了。如何正确地选择关键词，避免投放成本浪费就显得十分重要了。

1. 选择正确的关键词

利用积分墙完成搜索优化，第一步也是最重要的一步就是选择关键词，选择正确的关键词能够节省积分墙投放成本，快速提升关键词搜索结果排名，并为 App 带来更多的自然用户，达到事半功倍的效果。在利用积分墙优化搜索结果过程中应遵循以下选词原则：

（1）选择相关度高的关键词

关键词与 App 的相关度决定了 App 下载转化率的高低。利用积分墙优化搜索排名的过程中，优先选择与 App 匹配度高的行业词、竞品词。例如：关键词"理财"搜索指数很高，但其搜索结果第 1 名如果是一款游戏或者音乐类 App，其点击、下载转化效果可想而知肯定很不理想。

（2）选择竞争压力小的关键词

对于积分墙优化搜索排名来说，判断关键词竞争压力的主要依据为是否存在机刷。机刷不是真实用户，"投放"量级很大，积分墙优化难以超越。关键词机刷有一些明显的特征，一是近期内关键词搜索排名变化大，特定关键词搜索排名在某一时刻突然由两百名以外提升至前三，基本可以判定为机刷。二是排名提升关键词的数量多，关键词机刷一般是 50 或 100 个词同时机刷，在覆盖关键词上表现为大批量的关键词排名同时大幅度的提升。

如图 7-2 所示，关键词"爱钱进"搜索结果中排名第三的 App 盈盈理财，由前一天 1284 名提升至第 3 名，这很可能是通过机刷的方式优化搜索排名。

关键词	搜索指数 ❓	搜索结果数 ❓
爱钱进	8060	1289

图 7-2　爱钱进搜索结果排名

（3）选择搜索指数稳定的关键词

一般情况下，关键词的搜索指数会随着用户的搜索行为在一定的范围内波动。但竞争激烈的关键词（也就是存在机刷或积分墙投放的关键词）搜索指数会有大幅度的提升，如图 7-3 所示，这期间关键词搜索指数并不能反映用户的真实行为。优化这类关键词，达到目标搜索名次需要的积分墙投放量级也很大，实际带量效果很难达到预期，容易造成本浪费。

另外搜索指数以 4605 为基数，积分墙投放选择的关键词搜索指数应大于等于 4605。

（4）选择搜索排名适当的关键词

App 在计划投放关键词下的排名不宜低于 200 名。一方面，过于靠后的 App 排名积分墙渠道不愿意接受，用户体验差。另一方面，排名过于靠后的关键词，即使搜索结果达到目标排名，后期维持难度也很大。

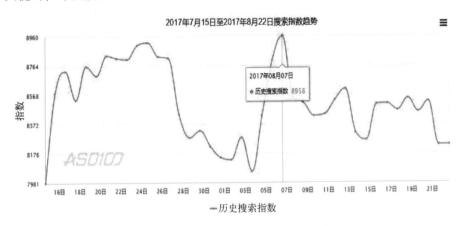

图 7-3　某关键词搜索指数变化

（5）避免搜索结果排名被锁定的关键词

2016 年年底开始，苹果对 App Store 排名算法进行调整，致使积分墙投放对部分关键词失效，具体表现为搜索特定关键词时，搜索排名近期内波动小于等于 1 名，这类现象也被称为"锁词"，即搜索结果排名被"锁定"。被"锁词"的关键词积分墙投放没有效果，在投放过程中应排除这类关键词。

例如：在第三方平台查询"微博"近一周竞争趋势，该词搜索结果近几日内排名波动均小于等于 1 名，这个关键词很可能被"锁词"了。

3. 选择适当的投放量级

关键词确定后就需要为每一个关键词匹配合适的投放量级了，也就是说一段时间内通过多少积分墙搜索、下载，App 在特定关键词的搜索结果排名能够提升至 TOP3 的位置。

积分墙投放量级受到多重因素的影响：

（1）目标搜索排名——Top3?ToP5?目标排名越高，需要的投放量级越大。关键词搜索结果前 3 名可以瓜分到该词流量的 70%以上，通常情况下，开发者将搜索结果前 3 的位置作为投放目标。

（2）当前搜索排名——App 在关键词下的当前搜索排名对投放量级影响不大，但部分高搜索指数的关键词，其下搜索排名 TOP3 的位置竞争力大，越靠近这个位置，投放难度越大。

（3）关键词的搜索指数——搜索指数是对投放量级影响最大的因素，搜索指数越高、所需要的投放量级越大。

（4）关键词的竞争度——如果有竞品 App 在投放，为了超过这些 App 达到目标位置，需要适当的增加投放量级。

关键词投放要依据实际情况把握适当量级，投放量级过低，无法达到目标排名，投放量级过高，很容易造成成本浪费。根据 AppBi 的投放经验，以关键词搜索指数和类型为依据，确定投放量级，如表 7-1 所示可作为参考依据。

表 7-1　关键词投放量级对应效果（每日）

热词类型	搜索指数	参考投放量级	带量效果	热词类型	搜索指数	建议投放量级	带量效果
行业词	8000	1200+	450+	竞品词	8000	1000+	350+
	7000～7999	800～1200	300～450		7000～7999	700～1000	200～350
	6000～6999	500～800	120～300		6000～6999	400～700	80～200
	5000～5999	150～500	40～120		5000～5999	100～400	20～80
	4605～4999	50～150	10～30		4605～4999	50～100	10～20
	<4605	50	0～10		<4605	50	0～10

在积分墙投放过程中要把握好尺度，苹果市场出现调整或大规模惩罚 App 时要及时暂停积分墙投放，避免遭受惩罚。投放竞品品牌词（竞品词）尤其是低权重的词要把握好量级，避免搜索排名提升至第一，侵犯其他 App 的权益。

7.3　积分墙平台的任务形式和常用接口

在开始投放积分墙之前，开发者和积分墙平台首先要确定双方数据的结算依据。参考国内主流的积分墙平台，基本形式是要求用户在 App Store 上搜索特定关键词，下载 App 并打开试玩 5 分钟，最终按照 CPA 结算。

如何确定 CPA 的有效性呢？目前，积分墙平台是以 iOS 系统中的广告标识符，也就是 IDFA（Identifier for Advertising）作为依据。IDFA 是苹果官方推荐的一种标识 iOS 设备的参数，它最大的优势在于无论是积分墙平台还是开发者都能获取这个参数。开发者在投放积分墙之前，对积分墙平台的 IDFA 进行去重过滤，可以减少重复投放（非首次下载）造成的浪费，同时还能对平台数据的真实性进行判断。

7.3.1　积分墙平台的任务形式

由于双方都能获取 IDFA，在最终的合作上，会出现以哪方数据为准的判断。这分别对应积分墙平台的两种任务形式，快速任务和回调任务。

1. 快速任务

快速任务是以积分墙平台获取的 IDFA 为准。当积分墙平台统计到用户已按要求激活目标 App，就会实时给用户进行积分奖励，此时用户设备对应的 IDFA 就会作为一个有效的结算数据。

但这种方式存在的问题是，用户在试玩 App 时，是否成功进入获取 IDFA 的界面是积分墙平台无法保证的，这也是双方数据差异的主要原因。因此双方在正式投放前需要对接 IDFA 去重接口。去重接口由开发者提供，需要保证数据的实时和准确。当积分墙平台用户领取任务时，平台把用户的 IDFA 数据反馈给开发者，服务器实时查询该用户是否为历史用户并将结果反馈给积分墙平台，平台根据反馈来判定该用户是否为首次下载，才可以领取下载任务。

2. 回调任务

回调任务是以开发者数据为准的任务方式。用户领取任务后，积分墙平台会将用户设备信息上报给开发者。当开发者监测到用户已完成激活行为，会主动将 IDFA 推送给积分墙平台，当平台收到推送后，才会给用户积分奖励。

这种方式存在的主要问题是，数据回调的实时性对于积分墙平台是未知的。主流的积分墙平台为了用户体验，一般会按照自己平台统计的激活数提前给用户奖励。一次推广结束后，再检查收到的回调比率。如果低于利润预期，可能会调整单价或停止投放。

7.3.2　积分墙平台的常用接口

无论是回调任务还是快速任务，都需要开发者和平台进行对接，以下为常用的接口文档格式。开发者可以在开始推广前，提前做好技术准备。

1. 设备去重接口

开发者通过该接口获得某个 IDFA 是否激活过 App。积分墙平台传递用户设备 IDFA 给开发者，开发者返回此 IDFA 是否已经激活过目标 App。

请求参数，如表 7-2 所示：

表 7-2　去重接口请求参数

字段名	数据类型	范例	说明
appid	Integer	944574195（APP ID）	在 AppStore 里的 Id
idfa	String	3BC236CF-ECD8-4B16-B675- 02A606EC1498	用户的 idfa

返回值格式: JSON。

设备存在标识为 1，不存在标识为 0。例如：

```
{

    "3BC236CF-ECD8-4B16-B675-02A606EC1498":0

}
```

2. 点击上报接口

用户开始任务时,传递用户设备信息给开发者，平台在收到广告的回调后，将通过参数中的字段 callback 回推给积分墙平台。

请求参数，如表 7-3 所示：

表 7-3　上报结构请求参数

字段名	数据类型	范例	说明
appid	Integer	944574195	App 在 AppStore 里的 Id
idfa	String	3BC236CF-ECD8-4B16- B675- 02A606EC1498	设备的 IDFA
callback	String	someurl	回调地址，UTF8 格式编码

返回值格式: JSON。

例如：提交成功:

```
{

    "success":true,

    "message":"ok"

}
```

7.4 如何防止积分墙作弊

由于积分墙的特殊性，从积分墙过来的用户质量参差不齐，积分墙用户虽然都是真实用户，但绝大部分为激励用户。有些积分墙渠道没有足够的真实用户就会使用设备模拟用户任务行为，发送生成的数据信息，这样就使得在这些用户中存在着一定的非真实用户，不但造成了会被苹果处罚的危险，而且一定程度上影响了优化的效果。为了最大化的保证从积分墙过来的用户是真实的用户，增加防作弊机制势在必行。

1. 基础信息防作弊

初级防作弊方式一般是通过比对基本信息来进行鉴别作弊行为。初期通过实时比对设备的 IDFA 信息来进行用户的排重，后来慢慢发展需要获取更多的信息来验证用户的真实性，开发者可通过获取以下信息鉴别积分墙用户的真实性：

设备 IDFA；设备型号；系统版本；IP 地址分布；设备硬件信息。

这些信息是基础信息，通常上是和渠道核对和确认用户信息的重要指标，在积分墙推广的初期，从仅仅只通过 IDFA 进行确认，到后来扩展到附加设备型号、系统版本，再到目前发展为对包括 IP 地址、设备硬件信息等一切合法收集的信息，对他们进行更全面的判断，以便于鉴别出异常的用户。但是随着作弊技术的发展，在系统越狱的环境下在这些信息都可以进行模拟。

2. 第三方数据统计防作弊

有些开发者在考虑防作弊方面一般会引入第三方的数据统计（Mobile Measurement Partner）来进行监控，他们可以在一定程度上来过滤作弊数据。一般第三方数据统计会从以下几个方面来进行防作弊：

1）加强 SDK 加密，增设多种多样的设备验证信息，在传输数据时启动数据通道加密，来确保数据传输安全，在收到激活请求时，服务器端将按照协定的设备信息解密算法，校验每一组数据，将无效的、伪造的数据拦截，保证数据的真实有效。

2）对异常点击的 IP，激活数据标记异常。通过分析大量的作弊日志发现，某个时段内，点击或者激活的 IP 过于集中是数据异常的常见表象，现在提供基于异常 IP 段防护策略，设定在一定的时间内 IP 数的峰值，超过设定的范围，将会被归为异常数据。

3）异常时差防护，将点击和激活时差异常的数据标记为异常，在点击、下载、激活三个步骤中，每个步骤都会有对应的时间，广告监控提供基于异常时差防护策略，设置异常时差范围，在分析点击和激活的时差后，校验时差设定范围，将激活转化过快的设备归为异常。

4）自有唯一标识，使得激活数据的精度提高，保证了回传数据的质量。

目前接入第三方的数据统计是国际上通用的手段，这样在一定程度可以高效地对异常数据进行把控。如果开发者想通过自己研发达到第三方数据统计的水平，开发成本将会巨大，对于中小开发者来说是远远不能实现的。

3. 用户行为防作弊

积分墙任务中有一系列引导用户搜索、下载、打开 App 的步骤，并且积分墙系统需要判断的是用户是否按照指定关键词进行搜索，是否是首次下载，是否真正的打开了激活目标 App。根据数据监测，这一套用户行为是影响 App Store 关键词排名变化最主要的因素。当一个用户按要求完成了这一系列行为后就可以立即获得积分墙发放的奖励，积分墙会将该用户的行为判断为一个有效的"CPA"（Cost-Per-Acquisition）。至于该用户是否留存下来，不在积分墙任务考虑的范畴之内。由于积分墙用户为激励用户，而且对于积分墙来说很难判断某个用户是否是目标用户，用户很有可能在完成任务拿到奖励后就删除 App，但是整个用户的行为将会影响到 App 在特定关键词下的搜索（结果）排名。这样很难从用户的留存行为数据上对某个用户行为的真伪进行甄别，但是可以通过查看用户一些细节行为的时间节点，通过逻辑判断是否合理来确定是否有作弊行为。

例如，积分墙系统可以记录用户点击开始任务的时间，再对比用户打开软件的时间，如果该时间段的耗时基本和用户找到任务 App 并且下载该 App 再到打开 App 的平均耗时吻合，那基本可以判断其行为的真实性。作弊行为基本会采用程序进行操作，这个时间段时长几乎为零或者很短，真实用户根本无法在这么短的时间内下载并打开软件。当有大批量的用户都存在这种不合理的行为，就可以判断这部分用户行为为作弊行为。

类似于上述的判断用户行为的节点还有很多，但在用户行为方面不能只通过单个用户是否留存的行为来判断该用户是否作弊，而需要从整个用户群体的维度进行评估，通过检查他们是否存在行为高度同质化来判断哪些是作弊用户，哪些是真实用户。

7.5　如何应对品牌词侵权

品牌词对于 App 来说是最重要的关键词，一旦被其他 App 侵犯将会有大量流量被"劫持"，在机刷"猖狂"的今天，App 品牌词常常被竞品侵犯，解决品牌词被恶意侵占就显得尤为重要，目前解决此类问题的方式主要有三种：

1. 与侵权开发者取得联系

与涉及侵权争议的开发者取得的联系，通过威胁、警告等方式，要求其停止侵权行为。这种方式效率最高且不花费太多时间、金钱成本，同时也能避免一些不必要的误会，如，对方并无恶意，只是对 App Store 规则不够了解等。

2. 通过投申诉通道申请

使用苹果官方用于处理开发者争议的链接的，填写相应的内容，地址为：http://www.apple.com/legal/internet-services/itunes/appstorenotices/。

第一步，填写联系信息，包括权利所有者、联系人的姓名、电话、邮箱及地址等，如图 7-4 所示。其中姓名与邮箱将会提供给涉及侵权争议的开发者。

联系信息

请在下面输入您的联系信息。您输入的姓名和电子邮件地址将提供给涉及侵权争议的 App开发商。提交此信息表明您同意 Apple 将此信息分享给开发商。我们会给争议双方发送电子邮件，以便双方直接沟通，解决争议。我们不会将您的电话号码透露给开发商，同时，您提供的联系信息会根据我们的隐私政策 (https://www.apple.com/cn/privacy/) 谨慎处理。

权利持有者	公司
☐ 如果您是代表知识产权所有者的另一方 (公司、机构等)，请选中此框，并在 "公司" 字段中输入您的公司名称。	
名	电话等码
姓	地址
电子邮件地址	
⊕ 如果您希望通过其他联系方式来接收关于您所提交的争议处理进展的通知，请点击加号添加。	

| 返回 | 继续 |

图 7-4　填写联系信息

第二步，选择争议内容，通过提供 App 链接或搜索的方式锁定侵权 App，如图 7-5 所示。同时要选择不同的设备类型和地区，如果所涉及的 App 不止一种设备或地区，需要列出每一个版本。

图 7-5　选择争议内容

第三步，选择争议问题类型、所在地区以及对争议的描述，如图 7-6 所示。其中描述具体侵权行为尤为重要，投诉者应在文本框中简洁的描述侵权行为，使苹果团队能够直观的了解侵权内容。

图 7-6　选择争议内容

填写完以上内容，选择提交，网页申诉部分就完成了。投诉者将会收到一封苹果官方自动发送的邮件，告知已收到投诉内容。

第四步，提交维权所需的材料。苹果团队对申诉经过初步的审核后，会给开发者发送一封带有案例编号的邮件，并要求开发者提供相关材料。开发者在邮件中应详细描述侵权内容，并附上截图、商标注册证书等文件。

第五步，接下来就是投诉双方相互来往的过程，各自陈述并提供相应的证据。在多轮邮件往来之后，如果对方很快停止侵权，苹果核实后一般不会做出惩罚，如果侵权事实成立，且对方置之不理，那么苹果可能会对涉及侵权的 App 做下架处理。

3. 写邮件申诉

通过写邮件的方式申诉，邮箱地址为：AppStoreNotices@apple.com。

邮件基本格式为侵权内容描述和相关证据文件，建议使用英文书写邮件内容（当然中文也是可以的）。邮件申诉苹果回复率较低。

4. 保护品牌词

如果以上方式都行之无效，那么只能通过积分墙投放 App 品牌词，防止流量流失，这种方式相对安全，对于高权重品牌词来说需要的量级是极大的。例如，蜜芽为维护品牌词，日投放积分墙用户下载量 6000+ 个。

App 在 App Store 中的竞争越来越激烈，侵犯品牌词的行为防不胜防。如果发现类似侵权行为，可利用以上 4 种方式进行维权。而在投诉的过程，一些细节能帮开发者增加胜算，例如，邮件拉锯战时，将邮件抄送苹果，让苹果帮忙监督对方的行动；如果英语水平不错，回复邮件时，提供中英文内容等。

7.6　App Store 常见的调整方式

虽然苹果在《App Store 审核指南》明确规定了禁止通过不正当的方式"操纵排名"，但机刷仍然屡禁不止，造成 App Store 的排名混乱。因此，苹果常常会通过"算法调整"的方式来修正各类排行榜的计算方法以及 App Store 排名算法的漏洞，以使机刷等不正当的竞争方式失效，具体表现为各种 App Store 异常。算法调整的内容苹果是不会公布给开发者的，但开发者可以在推广运营的过程中不断发现总结揣摩出个大概。

锁词和锁榜是 App Store 调整最常见的两种表现形式。具体为 App 在榜单及搜索关键词下的排名在一段时间内被锁定,不受用户行为或人工干预的影响。一般情况下,锁词和锁榜不会同时出现,但其都是由于 App Store 调整所致。

1. 锁词

锁词分为两种情况,即全部关键词锁定、部分关键词锁定。全部关键词锁定往往是由于 App Store 算法调整所致,持续时间从几小时至几天不等。在此期间,积分墙投放效果滞后,关键词解锁后,投放效果才能够显现出来。部分关键词锁定可能与中国市场机刷、积分墙盛行有关,苹果会将受影响严重的关键词在一段时间内锁定,使开发者人工干预失效。部分关键词锁定从 2016 年年底开始大量出现。

锁词情况的出现会对搜索排名优化造成影响,导致关键词更新时间延迟。针对积分墙提升搜索排名的优化方式,建议开发者减少投放关键词的数量,以节省投放成本,维护重点关键词,在关键词排名解锁后,这些词依然能够维持在较好的排名范围内。

2. 锁榜

App Store 总榜、分类榜每天不定时更新,周期约为 2~3 小时,App 被锁榜后,在总榜及分类榜的排名静止不变。榜单更新时间可通过第三方监测平台查看,如图 7-7 所示,为七麦数据平台在 2016 年 4 月 21 日监测到的锁榜情况。

除了锁榜之外,频繁更新 App 榜单(更新周期小于一小时)也是 App Store 常见的调整方式之一。

3. 其他

App Store 调整还有许多其他表现形式,例如:调整搜索指数、调整关键词覆盖数量,甚至是大批下架 App、删除评论、严格执行审核规则等。

例如:2017 年 4 月 12 日,根据 AppBi 监测,大量 App 覆盖关键词数量表现异常,具体表现为关键词覆盖数量大幅度下降后又开始缓慢上升。如图 7-8 所示,以 App "美团" 为例,大约从 8 点开始,"美团" 关键词覆盖量开始下滑,下午 14 点左右,关键词覆盖量跌至谷底。14 点之后,"美团" 覆盖关键词数量开始回升,到傍晚 18 点,覆盖关键词已全部恢复,关键词排名与 4 月 11 日基本一致。关键词覆盖数量跳水不是个别情况,很多 App 也没能逃脱,如途牛旅游、微信等 App。

图 7-7　2016 年 4 月 21 日的锁榜情况

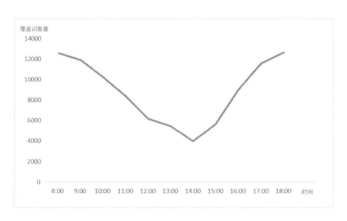

图 7-8　App"美团"4 月 12 日关键词覆盖数量变化趋势

在 App Store 调整期间，开发者应更加注意对 App 进行 ASO 方式的安全性，任何针对 App 搜索排名、榜单排名或其他针对调整对象的优化手段，都应当遵守苹果允许的规则来操作，切忌违规推广。

第 8 章
App Store 榜单优化

榜单对于 App 来说是重要的展示位，App Store 中榜单展示数量十分有限，但十分集中。榜单优化是App 通过榜单获取展示量的优化方式之一，适用于品牌知名度高或预算较为充沛的 App。本章内容重点介绍 App Store 榜单及其优化。

8.1　App Store 榜单概述

榜单排名是某个时间段内 App 下载量多少的直接体现。iOS 11 版本中的 App Store 排名前 200 的 App 或游戏能够展示在榜单列表中，能够为 App 带来一定的展示量。同时，榜单排名是 ASO 优化的重要指标，无论是展示量的优化还是转化率优化都会直接或间接的带动榜单排名的提升。

8.1.1　App Store 榜单简介

榜单，是对 App Store 所有排行榜的统称。iOS 10 版本中，App Store 包含免费榜、付费榜和畅销榜，并且这三个榜单单独占据一个菜单栏。每个榜单展示排名前 200 名的 App（包括游戏类 App）。iOS 11 系统对 App Store 做了很大的改变，弱化榜单，取消畅销榜，将免费榜、付费榜拆分为游戏、App 两个类别，分别融入到"游戏"和"App"两个菜单栏中，每个榜单仅仅展示前 12 名的 App 或游戏。

目前处于测试中的 iOS 12，App Store 中"游戏"和"App"菜单展示前 15 名的 App 或游戏，每个榜单展示前 50 名的 App 或游戏。

App 榜单除了总榜外，还分为商务、生活、工具、健康健美、效率、财务、参考、医疗、社交、导航、报刊杂志、教育、娱乐、游戏、美食佳饮、娱乐、音乐、体育、新闻、购物、贴纸、天气、摄影与录像 23 个分类。游戏榜分为文字、模拟、策略、赛车、音乐、动作、街机、扑克、骰子、小游戏、体育、角色扮演、智力、家庭、探险、桌面、娱乐场、教育 18 个分类。另外，儿童分类较为特殊，开发者无法在 App Store Connect 中选择该分类，而是 App Store 根据 App 信息自动生成的。一般情况下，App 能够进入总榜或分类榜 1500 名就能在第三方平台查询到榜单排名。

iOS 10 版本的 App Store 中，"排行榜"页面浏览量很大，如果能在总榜中占据有利位置，那么品牌曝光及带量效果十分可观，因此很多 App 甚至是知名 App 不惜花巨额推广费到总榜 TOP10 "一日游"。iOS 11 及 iOS 12 版的 App Store 上线后，榜单能为 App 带来的流量十分有限，但对于很多开发者来说榜单排名是重要的考核标准，因此也是较为关注的对象。

8.1.2 影响榜单排名变化的因素

App Store 免费榜单、付费榜单排名的具体算法是不为人知的，但根据行业经验，影响 App 榜单的主要因素为下载量，其次为用户活跃、用户评论和其他因素。而畅销榜主要依据 App 在一段时间内的（榜单更新时间内）销售额多少排名。以下是关于这些影响因素的详细介绍。

1. 下载量

下载量直接反映了用户对 App 的喜爱程度，因此成为 App Store 核心算法最关注的指标。影响榜单排名的下载量可分为总下载量和时间段内下载量，其中时间段内下载量对榜单排名影响最大。用户的下载行为可分为首次下载和重复下载，首次下载所占权重更高，对榜单排名变化影响大。

增加用户下载是开发者常用的榜单优化方式，如配合主题活动集中吸引用户下载；购买积分墙的真实用户下载；机刷模拟用户下载等。

2. 活跃用户

活跃用户数量、活跃用户占比等对于榜单排名也有很大的影响，苹果出于 App Store 内部生态健康发展的考虑，在不断地加强用户活跃度对榜单排名影响的权重。

3. 用户评论

用户评论包括当前版本、所有版本的评论数量和评论星级，iSO 11 中 App Store

在逐渐弱化所有版本评论。

4. 其他因素

以上三个因素对榜单排名影响较为明显，还有一些其他因素如 App 更新频率、开发者账号权重等也会对榜单排名有一定影响。例如，品牌开发者账号下的 App 在榜单的排名更容易提升到较好的位置。

8.2 榜单变化的规律

根据 AppBi 对 App Store 榜单更新时间长期监测及分析，可以发现榜单更新时间并不固定，两次榜单更新间隔时长短则 2 个小时，长则 6 个小时。如图 8-1 所示（变化量为绝对值，是指本次更新有多少款 App 排名有变化），为中国区总榜在 2018 年 3 月 1 日到 2018 年 3 月 4 日的更新情况，从图中可以看出，榜单平均每天更新 4～6 次，每次更新时间间隔为 2～6 小时。另外可以看出，虽然总榜的免费、付费、畅销三个类型的榜单基本同时更新，但是仅有一个类型的榜单更新的情况也是存在的。

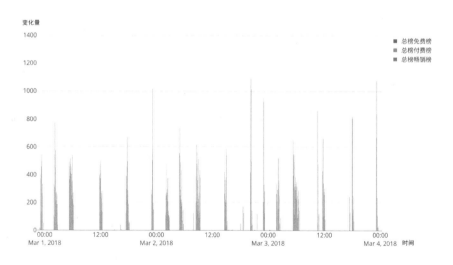

图 8-1　2018.3.1-2018.3.4 App Store 总榜更新情况

对于分类榜而言，更新频率并没有显著降低。以图书分类榜为例，如图 8-2 所示为 iPhone 图书（免费）分类榜在 2018 年 3 月 1 日到 2018 年 3 月 4 日的更新情况，与总榜的更新规律大致相同。

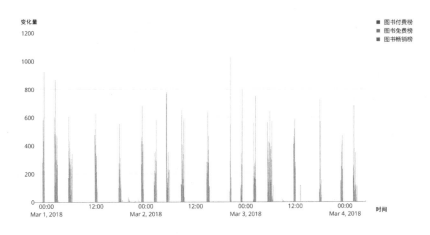

图 8-2　2018.3.1-2018.3.4 App Store 图书分类榜更新情况

值得注意的是，上面这种更新间隔 2～6 个小时，每天更新 4 到 6 次的频率也不是固定的。苹果会由于算法的调整改变更新频率。最近的例子是 2017 年底至 2018 年 1 月份，榜单更新频率大幅的提升，几乎达到实时的水平，最长的更新间隔仅有 30 分钟，如图 8-3 和 8-4 所示。从图中可以很明显地看到更新频率的加快，这种情况持续到 2018 年 1 月末。

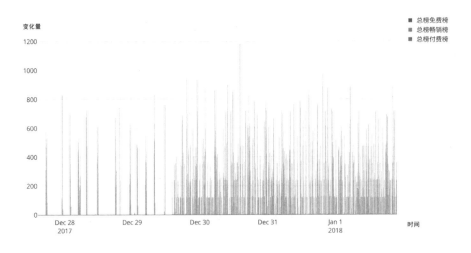

图 8-3　2017 年底至 2018 年 1 月 App Store 总榜更新情况

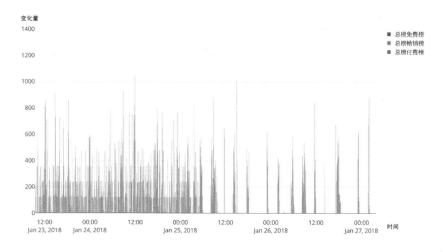

图 8-4　2018 年 1 月末 App Store 总榜更新情况

　　类似的情况正发生在美国区 App Store。如图 8-5 所示，可以明显地看到 2018 年 2 月 23 日到 24 日，榜单更新变得显著密集。

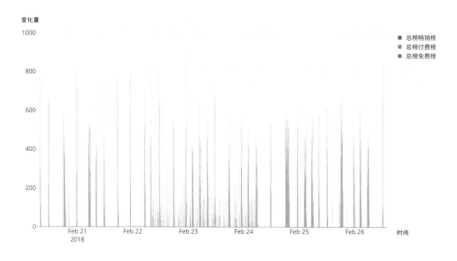

图 8-5　2018 年 2 月 App Store 总榜（美国区）更新情况

　　总体来说，App Store 的更新间隔约为 2～6 小时不等，每日更新次数约为 4～6 次，并且会因苹果内部的调整明显地改变更新间隔。

8.3 App Store 榜单优化

App Store 中在线 App 数量多达 180 万款，对于每个用户来说只有很少一部分 App 能够被浏览、点击，进而被安装、使用。在 App Store 中，一款 App 获取曝光的途径有两种：一种是通过用户的搜索行为，出现在搜索结果列表中；另一种是 App 出现在榜单或其他展示位当中，在用户浏览时获取曝光。

8.3.1 通过积分墙优化榜单

1. 免费榜

利用积分墙优化免费榜单是通过大量下载来提升榜单排名，在优化过程中，开发者需要对投放时间、投放量级有很好地把控。由于积分墙用户的 Apple ID 权重较低，往往需要比目标排名更多的投放量级才能达到预期排名。投放量级方面，每日投放量级=（目标排名下载量-App 当前下载量）×120%~130%，如表 8-1 所示。投放时间上，从榜单更新周期中可以得到一些基本的策略，根据榜单具体更新情况分时分段投放，尤其是早、晚两个榜点较为关键，需要尽量在榜单更新前将量级投放完毕。

表 8-1 iPhone 总榜（免费）冲榜参考量级

排名	下载量/日	排名	下载量/日
1	400000	200	16000
5	170000	300	10000
10	118000	320	8000
20	90000	350	7000
30	80000	400	6000
40	70000	500	5000
50	60000	600	4000
70	55000	800	3500
80	33000	700	3500
100	30000	900	3000
150	20000	1000	2500

2. 付费榜

付费榜是违规优化的重灾区，App Store 对付费榜 App 监管较为严格，App 排名如有异常变化，很可能遭到下载量被"清零"的惩罚，也就是这段时间内的下载量被 App Store 视为零下载，不会对榜单排名造成影响。

付费榜榜单优化应遵循"循序渐进"的原则，具体优化过程可分为两个阶段：第一阶段周期约为 1 周，每天下午 4 点左右开始投放，投放量级约为 100～150 个付费下载之间，将 App 在付费榜的排名维持在 120 名左右；第二阶段为冲榜阶段，投放周期为 1 周，这 7 天内，根据第一阶段的排名增加相应的投放量级，如表 8-2 所示，按部就班地将 App 排名提升至目标排名。

表 8-2　游戏（付费）冲榜参考量级

排　　名	下载量/日
1	9000
3	8000
5	7000
10	6000
15	5000
20	3000
25	2000
30	1600
40	900
50	600
70	500
90	400
100	300

这样做的目的是，持续和均匀的下载量在数据表现上更为真实有效，不会被 App Store 误认为违规操作，保证了优化的安全性。

8.3.2　榜单优化的其他方式

1. 通过机刷优化榜单

通过机刷最容易优化的就是付费榜，是层出不穷的游戏主要采用的优化方式之一，付费榜所需量级较小，价格相对较低，因而成为机刷的"重灾区"。

付费榜进前 50 名，机刷费用约为 1.5 万元/天；进前 30 名，约为 5 万元/天；冲进前 5 名，约为 15 万元/天。随着近年来 App Store 不断调整算法，"刷榜"的费用也不断走高。

免费榜机刷价格就更高了，总榜前 100 名，至少需要 50 万元/天。当然，价格随各个渠道、刷榜方式不同，略有差异。

畅销榜的排名是依据 App 的销售额的多少，因此不可控的因素较多，操作较为复杂，可优化的平台并不多。

通过机刷提升榜单排名很容易遭到苹果处罚，最快在榜单提升后 2 小时内就可能被下架，所以还是要提醒各位开发者，机刷有风险，是违规行为，"刷榜"需谨慎。

2. 通过更换 App 类别优化榜单

通过更换榜单分类，开发者在上线或更新 App 时可以自主选择 App 分类，选择更为合适的榜单类型，能够有效提升分类榜排名。比如将付费榜转免费榜，对于有一定品牌影响的 App 来说，通过促销能够在短期内吸引用户试用，并且对 App 的口碑传播有正向引导作用。

3. 通过策划活动优化榜单

策划集中推广活动，利用多种广告平台，配合线上、线下品牌宣传，通过多种活动形式吸引用户下载，以达到快速提升榜单排名的效果。例如，2016 年"双十一"期间 App 菜鸟裹裹利用淘宝、天猫以及其他平台，配合 App 内部"猜包裹赢购物免单"等活动，从总榜 300+迅速提升到总榜第 5 名。

第 9 章

苹果 App Store Connect 的使用

App Store Connect 是面向开发者的门户网站，允许开发人员管理其发布的
App，App Store Connect 自诞生以来，功能不断更新完善，为开发者提供了更多数据
与人性化的功能。本章重点介绍 App Store Connect 中与运营推广人员相关的功能。

9.1 查看用户来源

2017 年 5 月 3 日，苹果在 App Store Connect 的 App 分析中发布了 App "来源"
功能，可方便地查看某个 App 的用户来源。通过 "来源" 功能，开发者无须借助第
三方数据统计平台，便可获得更为真实可靠的 iOS 推广活动的统计数据。

9.1.1 "来源" 功能概述

"来源" 功能可以使开发者根据用户发现 App 的位置来查看相关数据指标，例如
"产品页面查看次数" 和 "App 购买量"。"来源" 共分为五种类型：App 引荐来源、
App Store 浏览、App Store 搜索、网页引荐来源（旧称 "网站排行"）和不可用来
源。按来源类型查看指标，可选择 App Store Connect 的 App 分析页面中的 "来源"
选项卡，在 "全部" 选项的下拉菜单中选择相应指标类型查看。点击某一个来源类型
可以查看经该来源类型过滤的指标，如图 9-1 所示（"来源" 数据有 2 天左右的数据
延时）。

"来源"的统计数据源自基于运行 iOS 8、Apple tvOS 9 或更高版本的设备。包括使用 Store Kit API 载入产品页面的 App，除 Safari 之外的 Apple App（例如 Messages）。

图 9-1　App Store Connect 中"来源"功能

（1）App 引荐来源（App Referrer）

当用户点击某个链接，跳转至 App 在 App Store 产品页面时形成的下载量。

（2）App Store 浏览（App Store Browse）

用户在浏览 App Store 时（例如，在"精品推荐"、"类别"或"排行榜"页面）首次查看并下载了某款 App。

（3）App Store 搜索（App Store Search）

用户通过 App Store 中的"搜索"（包括 App Store 搜索中的"Search Ads（搜索广告）"），首次查看或下载了某款 App。

（4）网页引荐来源（Web Referrer）

用户点击某个网站中的链接后，跳转至 App 在 App Store 产品页面。如果 Safari 中的重定向请求链接引导至 App 在 App Store 的产品页面，则请求链接中的最后一个网址（URL）为引荐网页。在 Safari 以外的网页浏览器（如 Chrome）中的点击，将被归因为"App 引荐来源"中的该网页浏览器 App。

（5）不可用

如果用户在"App 分析"追踪来源归因之前下载了 App，或用户在 App Store 之外（例如，通过"批量购买计划"）下载了某款 App，则会被归因为"不可用"。

9.1.2　"来源"功能的工作原理

当用户在 App Store 中浏览或搜索时查看了某款 App，"展示次数"和"产品页面查看次数"便归因于"App Store 浏览"或"App Store 搜索"这两类来源。

当用户通过点击某个 App 中或网页中的链接而被跳转至 App 的 App Store 产品页面，随即产生的"产品页面查看次数"便归因于引荐的 App"引荐来源"或"网页引荐来源"。如果用户随后首次点击下载了 App，则产生的"App 购买量"会归因于"App 引荐来源"或"网页引荐来源"。

所有的下载和使用情况数据都归因于用户首次点击下载 App 时记录的来源。重新下载、使用同一个 Apple ID 下载至多个设备，以及"家人共享"下载的数据都包括在内。

9.1.3　查看来源排行类型

以下通过查看"App 引荐来源"排行和"网页引荐来源"排行为例说明如何查看来源排行。通过这两种来源排行可查看到引荐至 App 产品页面次数最多的 App 和网页。

1. 查看 App 引荐来源排行

选择"来源"→"App 引荐来源"，查看 App 引荐来源排行如图 9-2 所示。如需按照相关指标排序，点击表格右上方的"展示次数"、"App 购买量"、"销售额"或"App 使用次数"，点击某个 App（泰国一游、普吉岛一游、WeChat）来查看经该App 引荐的相关指标，如图 9-3 所示。

图 9-2　App 引荐来源

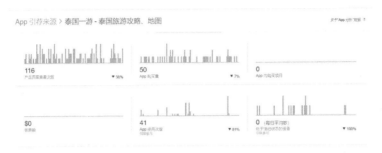

图 9-3　经 App 泰国一游引荐的相关指标

2. 查看"网页引荐来源"排行

查看"网页引荐来源"排行，需要选择"来源"→"网页引荐来源"，如图 9-4 所示。若要依据指标排序，请点击表格右上方的"展示次数"、"App 购买量"、"销售额"或"App 使用次数"。点击某个 App 可查看经该网页引荐的相关指标，如图 9-5 所示。

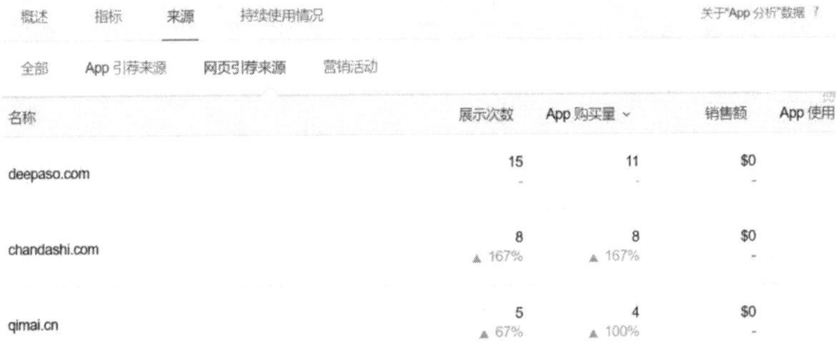

概述　　指标　　来源　　持续使用情况				关于"App 分析"数据 ?
全部　App 引荐来源　网页引荐来源　营销活动				
名称	展示次数	App 购买量 ∨	销售额	App 使用
deepaso.com	15 -	11 -	$0 -	
chandashi.com	8 ▲ 167%	8 ▲ 167%	$0 -	
qimai.cn	5 ▲ 67%	4 ▲ 100%	$0 -	

图 9-4　网页引荐来源

图 9-5　经网页 deepaso.com 引荐的相关指标

9.1.4 "来源"功能的作用

1. 确定精准的渠道来源

通过其他 App 引导的用户会被清晰地记录并统计，通过网站获取的用户同样可以通过此功能获得。开发者可以轻松、准确地识别渠道的质量，而虚假的 App、网站导流将会被一眼识破。目前"来源"功能不仅提供了导流 App 列表，同时展示次数、购买量、销售额以及使用次数也一并提供。这种方式大大增加了评估渠道质量的数据依据。

2. 推广策略得到数据支持

如图 9-6 所示，该 App 推广时，前期主要采取关键词的优化方案（用户来源以 App Store 搜索为主）提高 App 下载，后期则采取榜单优化方案（用户来源以 App Store 浏览为主），两部分的推广效果被清晰地展现出来，推广人员一眼就能辨识出哪种推广方式更为有效，从而选定更有效的推广方案。

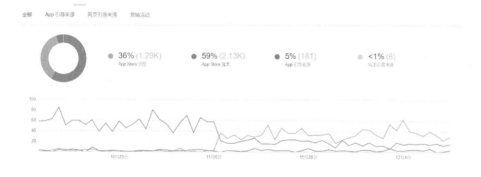

图 9-6　某 App 用户来源

9.2　使用活动营销链接

营销活动链接是可供开发者在营销材料、网站或其他广告中使用的自定义 App Store 链接。通过营销活动链接，可以查看 App 针对特定营销活动的销售、使用情况。开发者可以在广告、促销及其他营销材料中使用。当用户点击了一个含有营销活动链接的广告时，便会被重定向到 App 在 App Store 产品页面。

9.2.1 生成营销活动链接

开发者可以为 iOS App、Apple tvOS App、iMessage App 和贴纸包生成营销活动链接。

1. 使用"App 分析"生成链接

下面以生成下列链接为例说明如何使用"App 分析"生成链接：

https://itunes.apple.com/app/apple-store/id123456789?pt=123456&ct=test1234 &mt=8。

1）登录 App Store Connect，点击首页上"App 分析"图标打开 App 分析页面，如图 9-7 所示。

图 9-7　登录 App Store Connect 选择"App 分析"

2）选择要生成链接的 App，并点击"来源"选项，进入该 App 的来源页面，如图 9-8 所示。

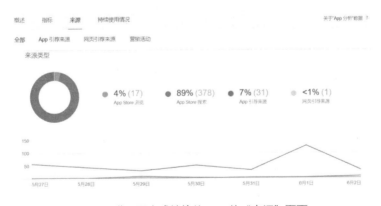

图 9-8　进入要生成链接的 App 的"来源"页面

3）选择"营销活动"选项卡，选择右侧"生成营销活动链接"命令，如图 9-9 所示。

图 9-9　选择"生成营销活动链接"命令

4）在 Generate a Compaign Link（营销活动链接）页面中，在 iOS App 选项框的下拉菜单中选择相应的 App，在 Campaign（营销活动）文本框中输入营销活动名称（不超过 40 个字符，用于区别不同的营销活动），如图 9-10 所示，系统将根据名称生成链接，例如：https://itunes.apple.com/app/apple-store/id123456789?pt=123456&ct=test12342&mt=8。

5）复制营销活动链接到广告、促销及其他营销材料中使用。

图 9-10　生成营销活动链接

2. 针对"智能 App 横幅广告"生成营销活动链接

如果在 Safari 浏览器中使用 Smart App Banners（智能 App 横幅广告）推广 App，开发者可以在从属数据参数中添加营销活动名称和提供商 ID。

开发者可以创建一个"App 分析"营销活动链接以追踪"智能 App 横幅广告"。若要将"智能 App 横幅广告"添加至网站，可在每个想要显示横幅广告的页首包含以下 meta 标签。

示例：<meta name="apple-itunes-app" content="app-id=myAppStoreID, affiliate-data=myAffiliateData, app-argument=myURL">。

3. 使用 iTunes Link Maker 生成链接

对于使用 iTunes Link Maker 生成的链接，需要使用 ct=（营销活动名称）和 pt=（提供商 ID）参数，具体生成方式如下。

1）使用 iTunes Link Maker 生成链接，地址为 https://linkmaker.itunes. apple.com/zh-chs?country=us&media=apple_music。

- 选择"店面所在国家"和"媒体类型"，例如在中国上线的 App 分别选择"中国"和"App"，如图 9-11 所示。
- 通过 App 名称、ID 或 URL 查找对应的 App。

图 9-11　iTunes Link Maker 页面

- 系统自动生成活动营销链接，如图 9-12 所示。

曼谷一游 —— 泰国旅行旅游地图 攻略

北京雷动无线科技有限公司

曼谷一游是一款为曼谷旅行者设计的专业旅行应用，如果您是第一次去泰国、第一次去曼谷，一游曼谷是您最不可错过的选择。无论是旅行前的攻略，还是出旅途中的工具，一游将为您提供最贴心的旅途帮助。【出国必知攻略】1.必备指南。资深编辑团队为您准备做了详细的旅行指南：护照办理、签证申请、防骗安全 旅行必备全知道。2.游玩攻略。"发现曼谷"带您发现曼谷的美与乐，一游在手，说走就走。【出国必备工具】1天气信息，实时曼谷天气预报；2出行地图，景点推荐、目的地查找快速响应；3汇率计算，泰铢兑换早知道；4泰语翻译，语音输出无障碍泰语沟通。更多功能等待你的发掘……

类型：旅游

Version: 1.4.3
Released: April 04, 2017

App Store 下载	< >	App Store
徽章	文字连结	小徽章

嵌入程式码 ⓘ

图 9-12　生成营销活动链接

2）将（渠道）提供商 ID（示例：pt=123456）添加至该链接。

3）将营销活动名称（示例：ct=test1234）添加至该链接，以生成下列营销活动链接：

https://itunes.apple.com/app/apple-store/id123456789?mt=8&pt=123456&ct=test1234。

复制该营销活动链接到广告、促销及其他营销材料中使用。

4. 针对使用 StoreKit 的 App 生成营销活动链接

针对使用 StoreKit Framework（StoreKit 框架）载入详细页面的 App，若要跟踪 App 内的广告和促销活动，需要使用 SKStoreProductParameter Campaign Token（SKStore 产品参数营销活动令牌）和 SKStoreProductParameter Provider Token（SKStore 产品参数提供商令牌）来添加营销活动名称和提供商 ID。

9.2.2　衡量营销活动效果

针对营销活动的归因分析（归因分析，Attribution Analysis，是指通过数据追踪将 App 下载归功于不同的渠道统计方式）窗口期（被营销活动链接统计为下载的时间段）为 24 小时。如果用户在使用营销活动链接后的 24 小时内首次下载了 App，此次行为被计入"App 购买量"。如果用户在某个时间段内使用多于一个的营销活动链接，仅最近的一次营销活动链接会在使用后被计为有效下载。

若要查看"营销活动排行"，可通过"来源"→"营销活动排行"。点击某个营销活动以查看经该营销活动过滤的指标。或在"指标"中根据营销活动过滤指标。

营销活动数据基于前一日与该营销活动的互动情况进行每日更新，且仅在满足以下情况时才会在"App 分析"中显示：

- 营销活动已启动超过一天。
- 至少有 5 个 App 购买量被归因于该营销活动。
- 营销活动链接包含供应商 ID 和一个营销活动名称。

9.3　App Store Connect 账号授权

2017 年 7 月，App Store Connect 后台新增一项功能——账号授权，开发者可以直接在 App Store Connect 为其他职能的账号进行授权。简单的"一键授权"操作便可以让开发人员获得解放，开发人员和其他岗位人员都省去来回沟通交涉的成本，只要登录各自的账号就可以查看各自想要查看的信息。

App Store Connect 上有哪些用户职能？每个用户职能又拥有哪些权限？接下来将详细介绍。

9.3.1　用户职能简介

1. 管理员

管理员职能可允许其他用户访问 App Store Connect 和 App Store Connect 不同部分的权限。除具备法务职能的用户，管理员用户可创建、删除或修改现有的 App Store Connect 用户。管理员可启用内部 Test Flight beta 测试员检测构建版本。

2. 法务

法务职能仅限 App Store Connect 初始用户。这类用户可就 App Store Connect 与 Apple 达成协议，包括 App 转换协议。具备法务职能的用户可邀请内部 App Store Connect 用户和外部用户在 Test flight 测试 App。具备法务职能的用户在开发人员团队中也被称作团队代理人。App Store Connect 的初始用户默认被授予管理员和法务职能。

3. 财务

财务职能可生成报表。此用户职能也可访问"付款和财务报告"、"销售和趋势"、"协议、税收和银行业务"以及 iOS 的 App Store Connect。即使这些用户可访问"用户和职能",他们只能对自己的个人信息进行编辑。

4. 技术

技术职能可访问"我的App"和"目录报告"以及 iOS 的 App Store Connect。技术用户也可访问"用户和职能",但只能对他们自己的个人信息进行编辑。他们也能创建沙箱技术测试员,管理 Test Flight beta 测试,同时他们可以自主启动 Test Flight 内部测试。

5. 销售

销售职能可生成目录报告且可访问"销售和趋势"以及 iOS 版的 App Store Connect 的访问权限。销售用户也可访问"用户和职能",但只能对他们自己的个人信息进行编辑。

6. 营销职能

营销职能可访问"资源和帮助"部分功能,包括"联系我们"功能。可以将此职能分配给团队中管理营销材料和宣传作品的成员。如果某款 App 被 App Store 选中作为主打商品,App Store 将与具备营销职能的用户取得联系。

9.3.2　使用用户和职能权限

1. 添加 App Store Connect 用户

只有拥有管理员职能的账号才能在 App Store Connect 上新建用户。具体操作步骤如下。

1)登录 App Store Connect 后台,选择"用户和职能"选项,如图 9-13 所示。

2)进入"用户和职能"页面,点击用户旁边的"加号"按钮("添加新用户"按钮),如图 9-14 所示。

图 9-13　登录 App Store Connect 页面，选择"用户和职能"选项

图 9-14　进入"用户和职能"页面后，点击"添加新用户"按钮

3）进入"添加 App Store Connect 用户"页面，输入需要添加用户的姓名和电子邮件地址（即 Apple ID），并点击"下一步"按钮继续，如图 9-15 所示。

图 9-15　输入用户基本信息

4）为授权用户添加"职能"并选择要限制访问权限的 App，完成后点击"下一步"按钮继续，如图 9-16 所示。

5）选择对应地区的"通知"并单击"存储"按钮，如图 9-17 所示。

完成以上步骤后，苹果会向新用户的电子邮件地址发送通知电子邮件（如图 9-18 所示），邮件中包含用于在 App Store Connect 上激活账户和创建密码的链接。

图 9-16　选择用户职能和限制访问的 App

图 9-17　点击存储按钮

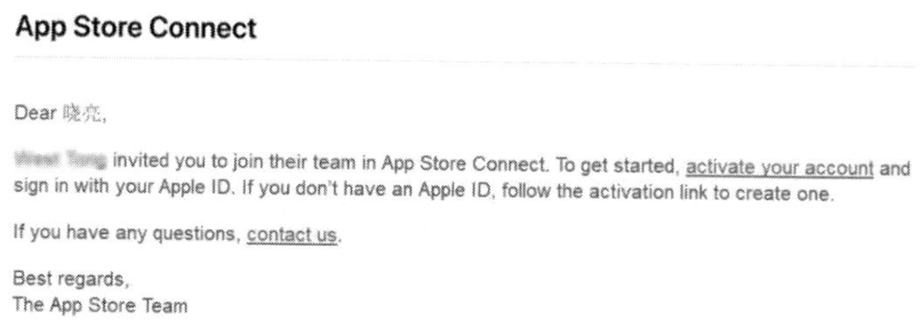

图 9-18　苹果发送给授权用户的邮件

每一个 Apple ID 只能被一个 App Store Connect 账户授权，测试用户无法将现有电子邮件地址用于 iTunes、App Store Connect 或 Apple 开发人员项目的账户上。

2. 删除 App Store Connect 用户

只有拥有管理员职能的用户才能删除 App Store Connect 用户。具体操作如下。

1）登录 App Store Connect 后台，选择"用户和职能"选项。

2）进入"用户和职能"页面，点击页面右上角的"编辑"按钮，选择需要删除的用户，并点击左上角"删除"按钮。

3）此时，页面中弹出确认弹框，点按"删除"按钮即可，如图 9-19 所示。

图 9-19　确认删除对该用户的授权

管理员无法删除自己的账户，只有拥有管理员职能的其他用户可以删除管理员账户。想要删除拥有法务职能的用户（也称为"团队代理"），必须先与开发人员支持团队联系，将此用户的法务职能重新分配给其他用户。

9.4　回复用户评论

用户评论一直是影响开发者账号权重、App 关键词排名和榜单排名的重要因素，同时也是开发者收集用户反馈的重要渠道。2017 年 3 月，iOS 10.3 正式版上线后，开发者可以通过 App Store Connect 回复用户评论。这一功能的出现，能帮助开发者创建更好的用户体验并提高 App 评分。

9.4.1　回复用户评论

开发者可以随时在 App Store Connect 中回复用户评论，回复后，用户会收到提醒并可以选择更新评论。如果用户更新了评论，拥有"法务"、"管理"、"App 管理"和"营销"职能并有权访问该 App 的管理员都会收到通知（电子邮件通知可以在 App Store Connect 的"用户和职能"中管理）。回复评论操作流程如下。

1）登录 App Store Connect，点击首页上"我的 App"图标，如图 9-20 所示，页面跳转后，选择对应的 App。

图 9-20　登录 App Store Connect 后，选择"我的 App"

2）在工具栏中，点击"活动"栏，选择左侧"评分与评论"下面的"iOS App"选项，如图 9-21 所示。

图 9-21　选择"活动"栏下的"iOS App"

3）选择需要编辑的回复的评论，点击评论旁边的"回复"命令，输入回复内容，点击"提交"按钮即可，如图 9-22 所示。

图 9-22　填写回复内容并提交

4）回复内容在 App Store 中显示之前，App Store Connect 后台均显示为"开发人员回复（待处理）"字样，开发者的回复最多可能需要 24 个小时才会在 App Store 中显示，回复内容以公开的形式面向全体用户（如图 9-23 所示），回复后苹果官方会以邮件的形式提醒评论用户。

图 9-23　App Store 产品页面中用户评论及开发者回复

9.4.2　编辑回复内容

如果开发者认为回复内容不恰当，可以点击"编辑回复"命令进行修改，App Store 中只会显示最新版本的回复。具体操作流程如下。

1）登录 App Store Connect，点击首页上"我的 App"图标，页面跳转后选择相应的 App。

2）点击"活动"栏，选择左侧"评分与评论"下的"iOS App"选项。

3）选择需要编辑的回复和评论，点击评论旁边的"编辑回复"命令，如图 9-24 所示。

图 9-24　编辑回复和评论

4）在对话框中，编辑回复，编辑完成后点击"存储"按钮保存，如图 9-25 所示。

图 9-25　编辑或删除回复评论内容

9.4.3 删除回复内容

如果开发者认为回复内容不合适也可以选择删除，具体操作流程为：

1）登录 App Store Connect，点击首页上"我的 App"图标。

2）选择相应的 App，在工具栏中，点击"活动"栏，选择左侧"评分与评论"下的"iOS App"选项。

3）选择要删除的评论和回复，点击评论旁边的"编辑回复"命令。

4）在对话框中，点击左下角的"删除回复"按钮，如图 9-25 所示。

9.4.4 报告问题

如果发现用户评论中包含有令人不快的内容、垃圾内容或者其他违反苹果 Terms and Conditions 条款的内容，可使用 App Store Connect 中"评分与评论"中的"报告问题"选项，选择"问题"类型并说明，如图 9-26 所示。撰写该评论的用户不会收到有关报告问题的提醒。

图 9-26 "评分与评论"中"报告问题"页面

9.4.5 注意事项

1. 符合苹果条款

回复不能用来推广 App 或者提供其他 App 的优惠码，也不能用来推广其他服务或 App 内购买。不要在回复中承诺用户更改评论评分会获得怎样的奖励。操纵评论或者激励用户反馈都会违反苹果 App Store Review Guidelines 相关条款。苹果禁止开发者使用不敬的语言、垃圾内容和营销语言，不允许回复中包含个人信息。

2. 统一的语言风格

理想的回复应该是简洁清晰的，使用符合 App 的语言风格和用户可以理解的术语。如果由多人来回复用户的评论，那么务必保持这些回复能使用一致的"声音"和"风格"。

3. 优先回复低评分的评论

如果开发者无法回复每条评论，可以尝试优先回复评分较低的评论，尤其是那些提及当前版本中存在技术问题的用户评论。对于评论中反馈的内容应及时确认，并告知用户正在处理相关问题。

4. 使用个性化的回复

使用个性化回复有助于开发者和用户建立强有力的关系，并能让用户感知他们的反馈是有价值的。在回复某些类似的用户反馈时，可以组合使用一些通用的回复和术语。还可以邀请用户为将来新版本的 App 进行评论。如果有用户表示回复已经解决了他们的问题反馈或者修复了技术问题，可以考虑询问用户更新其评分和评论。

5. 充分使用版本记录

开发者可以考虑在发布重大更新版本时立刻回复所有的评论，或者通过使用 App Store Connect 的过滤机制筛选低评分或者来自特定区域的用户评论。

开发者如果更新了 App 版本，修复了此前用户评论中提到的问题，那么可以将信息包含在 App 的版本记录（Release Notes）中，并可以考虑对相关的用户评论进行回复，以便于让用户知道新版本解决了他们此前遇到的问题，这是重新接触意见用户的一个有效方法。

App Store Connect 中回复用户评论功能的添加，为开发者和用户提供了双向沟通的渠道。开发者可以就用户反馈的技术问题、产品体验，联系用户、了解细节、沟通优化。同时，积极的回复能够提升用户对产品的好感，吸引用户下载。无论是对用户还是开发者，都是一次积极的变化。

第 10 章
如何与苹果官方打交道

开发者在 App 上线或 App 推广期间常常会遇到 App 审核无法通过、遭遇到苹果官方的惩罚等难以解决的问题。当这些情况发生时，开发者可以采用多种应对措施应对或联系苹果公司了解详情、请求帮助。本章重点介绍 App 在上线推广过程中常见的问题的与解决方案。

10.1　App Store 的惩罚与应对措施

为维护 App Store 的生态环境，苹果对违规推广、操作的 App 会有一系列惩罚措施，具体包括：警告、清榜、清词、降权、下架、封号、延时审核等，以下是对于这些惩罚的详解和应对措施。

10.1.1　App Store 常见的惩罚措施

1. 警告

警告，是指苹果通过邮件的形式提醒开发者其行为违反开发者计划许可协议。警告针对情节不严重的违规推广手段（例如，违反苹果开发者计划许可协议 12.2）。开发者如果收到这类警告邮件，应立即停止违规操作，并态度诚恳的回复邮件，以免遭受更严重的惩罚。

以下为苹果发送的警告邮件：

We are writing to inform you that your company is not in compliance with the Apple Developer Program License Agreement (PLA).

Section 11.2 (Termination)：

(f) if You engage, or encourage others to engage, in any misleading, fraudulent, improper, unlawful or dishonest act relating to this Agreement, including, but not limited to, misrepresenting the nature of Your submitted Application (e.g., hiding or trying to hide functionality from Apple's review, falsifying consumer reviews for Your Application, etc.).

Be aware that manipulating App Store chart rankings, user reviews or seach index may result in the loss of your developer program membership.

Please address this issue promptly.

中文翻译如下：

我们写信是要通知您，您的公司未遵守苹果开发者计划许可协议-PLA。

11.2（终止）:

如果您以任何含有误导、虚假、不恰当、非法或欺诈的方式参与或者鼓励其他人参与违反此协议的行为，包括但不限于错误引导您所提交的 App 的内容，例如，隐瞒或试图隐瞒软件功能以躲避苹果的审查，或为您的 App 伪造用户评论等行为

请注意，操纵 App Store 排行榜、用户评论或搜索索引都可能导致您失去加入开发者计划的资格。

请立即解决这个问题。

2. 清榜

清榜，是指苹果将违规操作的 App 在 App Store 总榜、分类榜的排名清除出 1500 名以外的惩罚手段。如图 10-1 所示，某 App 在春节期间因违规操作遭到苹果清榜，图为第三方平台的榜单表现。清榜主要针对违规操纵榜单、评论或侵犯其他 App 品牌词的行为，惩罚时长从 20 天到半年不等。这种惩罚措施对于榜单排名较好的 App 来说，流量损失是较大的。

3. 清词

清词，也称作屏蔽搜索入口，是指通过 App Store 搜索引擎无法查询到这款 App，也就是说该 App 的关键词覆盖量归为零。清词主要针对违规操作搜索排名的 App，处罚时长一般为 20 天到半年不等。搜索是 App Store 最大的流量入口，可想而知，清词对于 App 流量影响是相当大的。遭遇清词惩罚的 App 可暂时利用 App 链

接或生成二维码进行推广。

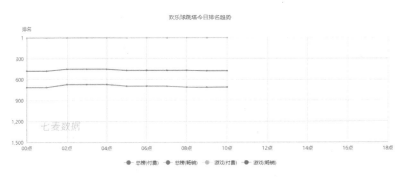

图 10-1 某 App 在 2018 年春节期间榜单表现

4. 降权

降权是指苹果人为地降低 App 的综合权重，具体表现为降低 App 榜单排名及搜索排名。这种惩罚方式不会有邮件或官方提醒，往往是通过第三方数据平台来查询、分析得出。

如果 App 榜单或关键词排名在一天或一段时间内，有较大的排名下滑，甚至直接落榜，那么这款 App 可能遭到 App Store 的降权惩罚。

5. 下架

下架即从 App Store 中将该 App 清除。主要针对版本纠纷、涉黄、违规推广且情节严重的 App。有时也会有临时性的政策性下架，如，2017 年 10 月份，App 市场下架了一批长期未更新的 App。通过第三方平台可以监控到每天的 App 下架情况，如图 10-2 所示，为 2018 年 3 月 30 日共有 2302 款 App 遭受下架的惩罚。

图 10-2 第三方平台监测到的 App 下架情况

6. 封号

封号是苹果最严厉的惩罚措施。是指开发者无法登录 App Store Connect 后台，且其下所有 App 全部下架，并且该开发者一年之内无法再次申请苹果开发者项目。

7. 延时审核

延时审核是苹果人为延长 App 审核时长的惩罚措施。一般情况下，App 提交审核后，苹果会在 48 小时内予以反馈审核结果。如果一款 App 对多次违反苹果相关审查条例，那么这款 App 很可能遭到"审核延时"的惩罚，并且该账号下的其他 App 在提交审核后同样会遭受审核推迟的情况。

遭受"审核延时"惩罚的 App 会收到以下邮件：

As a result of violating this guideline, your app's review has been delayed. Future submissions of this app, and other apps associated with your Apple Developer account, will also experience a delayed review.

中文翻译如下：

由于违反了这一准则，您的 App 的审查已被推迟。该 App 的未来提交，以及与您的苹果开发者账户相关的其他App，也将经历延迟审查。

10.1.2　如何应对 App Store 的惩罚

1. 留意苹果的相关邮件

苹果做出处罚时，会通过 App Store Connect 后台消息或发送邮件的形式告知开发者。开发者应在第一时间查看邮箱，并针对邮件中的违规内容做出解释、提供相关证明材料，及时回复。

2. 致电

可通过"苹果开发者计划"网站中的 Content us（联系我们），以邮件留言或预留电话号码的方式与苹果客服取得联系进行申诉。

3. 公关

有能力的企业可以成立专门针对苹果的公关团队，能够以最快的速度与苹果官方取的联系，即使遭受苹果惩罚，也能通过公关的方式在很短的时间内解决。

4. 启动备用包

App 被下架或苹果惩罚对流量有较大影响时，应及时上线备用 App 或发布新的替代 App，及时导量，避免流量流失。

10.2　App Store 备用包过审技巧

备用包是指同一款 App 的不同版本，备用包与 App 主包拥有相似或相同的内容与功能，但 App 名称等元数据略有差异，如携程旅行和携程旅行（春季版）。在 ASO 优化中，使用备用包是提升 App 展示量的重要方式，但随着苹果对 App Store 审核条款执行力度的加强，备用包过审率越来越低。备用包被拒主要是违背了 Apple 开发者计划许可协议中的条款，如 PLA 1.2;PLA 4.3;PLA 4.2.2;PLA 2.3.7; PLA 2.1。

10.2.1　PLA 1.2 的问题及解决办法

PLA1.2 的问题主要是苹果认为上传 App 的账号与 App 关联性较差。常见涉及 PLA1.2 被拒的 App 包括金融、购物等类型。

1. 原因分析

App 如果因 PLA 1.2 条款审核被拒，开发者邮箱会收到以下邮件：

PLA 1.2

The seller and company names associated with your app do not reflect a financial institution in the app or its metadata, as required by section 1.2 of the Apple Developer Program License Agreement.

Next Steps

Your app must be published under a seller name and company name that reflects a financial institution. If you have developed these apps on behalf of a client, please advise your client to add you to the development team of their Apple Developer account.

中文翻译如下：

PLA 1.2

根据 Apple 开发者计划许可协议第 1.2 节的要求，与您的 App 相关联的卖家和公司名称并不反映 App 中的金融机构或其元数据。

下一步

您的 App 必须以反映金融机构的卖家名称和公司名称出版。如果您代表客户开发了这些 App，请告诉您的客户将您添加到他们的 Apple 开发者账户的开发团队中。

涉及 PLA1.2 问题被拒的 App，大部分为财务类，被拒绝的理由为：开发者名称或公司名称与 App/App 元数据/金融产品中的公司名称/金融机构/金融机构名称/信用卡名称/贷款业务提供者等不匹配，即违反了苹果开发者计划许可协议 1.2。

以上邮件内容说明了可能造成违背 PLA 1.2 条款的原因，App 名称没有突出 App 品牌；App 名称与公司名称不符，未产生品牌归属及关联性；App 不归属该开发者，需要重新上传到对应的开发者账号下；App 为金融类产品，而该开发者账号不属于金融账号。

2. 解决方案

1）更改 App 名称。依据苹果开发者许可协议 1.2 中的要求更改 App 名称。例如，公司名称为"招联消费金融有限公司"App 名称改为"招联"或者"招联金融"。

2）证明 App 名称与公司的相关性。例如，提交"软件著作权"、"商标证书"等材料。

3）使用公司开发者账号或金融账号重新提交。

4）删除或隐藏敏感功能、信息，例如，App 中出现的银行名称等。

5）添加账号至团队成员中。如果是帮客户提交 App，可以让客户将账号添加到他们的开发者账号团队成员中，然后再尝试提交。

6）开发者邮箱改为公司邮箱，并将技术支持网址改为能体现公司的网址。

7）App 中尽量体现和公司相关的内容、品牌等信息，例如，App"个人中心"内增加"关于我们"一栏，"关于我们"栏目中可以增加该产品 Logo、公司名称、官方网址等一切能证明该产品为该开发者账户。

10.2.2　PLA 4.3、PLA4.2.2 的问题及解决办法

1. 原因分析

（1）PLA 4.3 邮件反馈

App 因违背 PLA4.3 条款审核被拒分为两种情况，一种是苹果系统审核后拒绝通

过；另一种是人工审核后拒绝通过。App 如果因 PLA 4.3 条款审核被拒，开发者邮箱会收到以下邮件：

● 系统审核被拒

Guideline 4.3 – Design – Spam

Your app duplicates the content and functionality of apps submitted to the AppStore, which is considered a form of spam.

中文翻译如下：

准则 4.3-设计-重复

该 App 内容及功能与 App Store 中现有的 App 高度重合，被视为低价值的 App。

● 人工审核被拒

Guideline 4.3 – Design – Spam

We found that your app provides the same feature set as other apps submitted tothe App Store, which is not appropriate to the App Store.

中文翻译如下：

准则 4.3-设计-重复

该 App 与 App Store 中现有的 App 在功能上有重叠，而这一点是不被接受的。

（2）PLA 4.2 邮件反馈

App 如果因 PLA 4.2 条款审核被拒，开发者邮箱会收到以下邮件：

PLA 4.2

4.2 Design: Minimum Functionality Guideline 4.2.2-Design-Minimum Functionality

We noticed that your app only includes links, images, or content aggregated from the Internet with limited or no native iOS functionality. We understand that this content may be curated from the web specifically for your users, but since it does not sufficiently differ from a mobile web browsing experience, it is not appropriate for the App Store.

Next Steps

Please revise your app concept to provide a more robust user experience by including native iOS features and functionality.

We understand that there are no hard and fast rules to define useful or entertaining, but Apple and Apple customers expect apps to provide a really great user experience. Apps should provide valuable utility or entertainment, draw people in byoffering compelling capabilities or content, or enable people to do something they couldn't do before or in a way they couldn't do it before.

中文翻译如下：

PLA 4.2

4.2 设计：最小功能指南 4.2.2 - 设计 - 最小功能

我们注意到，您的 App 只包含链接、图片或从互联网聚合而来的内容，而且针对 iOS 的功能有限或没有。我们了解到，此内容可能专门针对您的用户在网络上进行的策划，但由于它与移动网页浏览体验的差异并不大，因此它不适用于 App Store。

下一步

请修改您的 App，以提供更强大的用户体验，其中包括 iOS 功能。

我们知道，没有硬性和快速的规则来定义什么是有用的或有趣，但苹果和苹果的客户希望 App 提供非常好的用户体验。App 应该提供有价值的实用工具或娱乐，通过提供令人信服的功能或内容吸引人们，或者让人们做一些他们以前无法做到的事情或者某种程度上无法做到的事情。

2. 解决方法

4.3、4.2 主要说的是 App 简单及重复的问题。

1）针对机器审核，建议添加代码注释块，代码相似度不超过 45%。

2）针对人工审核，修改 App 元数据、价格、地区和分类，并回复邮件说明。

3）升级 App 版本号（version）。

4）更换 Bundle ID（是一款 iOS App 的唯一标识，App 与 Bundle ID 之间是唯一对应关系）。

5）更换开发者账号并修改 App Icon、素材、色调等元数据。

6）修改功能界面等，添加小开关。

10.2.3　PLA2.1 的问题及解决办法

1. 原因分析

App 如果因 PLA2.1 条款审核被拒，开发者会收到以下邮件：

We discovered one or more bugs in your app when reviewed on Wi-Fi.

Specifically, when we attempt to log-in, an activity indicator would spin briefly, then dismisses itself with no further action taken by the app.

The user remains on the log-in screen, and is unable to use your app.

We've attached screenshot(s) for your reference.

Next Steps

Please run your app on a device to identify the issue(s), then revise and resubmit your app for review.

中文翻译如下：

在使用 Wi-Fi 进行审核时，我们在您的 App 中发现了一个或多个错误。

具体来说，当我们尝试登录时，登录指示器会短暂旋转，然后消失，而 App 没有进一步的反应。

用户依然在登录界面，并且无法使用您的 App。

我们附上了截图以供参考。

下一步

请在设备上运行您的 App 以识别问题，然后修改并重新提交您的 App 进行审核。

PLA2.1 其实就是 IPv6 被拒，如果配置了 IPv6，苹果仍然拒绝可能会有以下几个原因：可能是因为网络延迟导致苹果审核无法进行；产品 bug 导致 App 卡在某个页面。

2. 解决办法

1）按照苹果提供的方法搭建外网环境，模拟 IPV6 测试。如果在 IPv6 的环境下无法正常运行，检查哪里出现问题并解决。

2）架设国外服务器进行测试，查看是否为 App 的 bug。

3）拍摄 IPv6 的网络环境下 App 正常运行的视频申诉。从网络搭建到 App 正常运行的全过程，将视频上传至国际网盘并将链接回复给苹果。

4）将 App 中的部分内容放到包内做本地加载。当检测到国外 IP 访问时不请求远程数据，直接访问本地内容。

需要注意的是，2018 年 6 月苹果更新了 App Store 审核指南，其中明确说明"如果您的 App 因为同样的准则反复拒绝，或者您试图操作 App 审核过程，那么审核时间将被延长",这条内容对于备用包的上线(更新)来说是一个新的挑战,因此建议开发者能够重视这些问题,争取一次通过审核。

10.3　申请加速审核

对于开发者来说,最令人焦急的莫过于上线(更新)的 App 长时间处于"审核"状态(一般情况下为 3 天以上),而 App Store 的审核流程及标准一向不透明,令开发者束手无策。在过去,App Store 加速审核一直处于很神秘的状态,甚至部分代理商为开发者提供"快速审核"服务,一次费用就高达 4000～6000元。其实,苹果专门为开发者开放了免费的"加速审核"的平台,并且操作起来也十分简便。

"加速审核"是苹果为开发者提供的一条线上审核加急服务通道,网络地址为:https://developer.apple.com/contact/app-store/?topic=expedite。

通过这种方式可实现 24 小时内快速过审的目标。以下便是通过链接"加速审核"的操作步骤:

第一步,选择问题类型为"要求加快 App 审查"(request an expedited app review)。如图 10-3 所示。

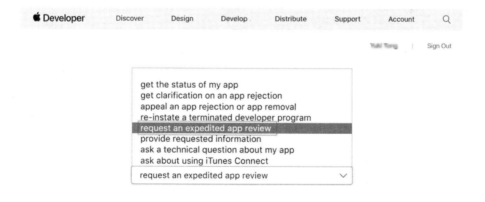

图 10-3　选择问题类型

第二步,填写联系信息(Contact Information),主要填写电话号码(Phone Number)。如图 10-4 所示。

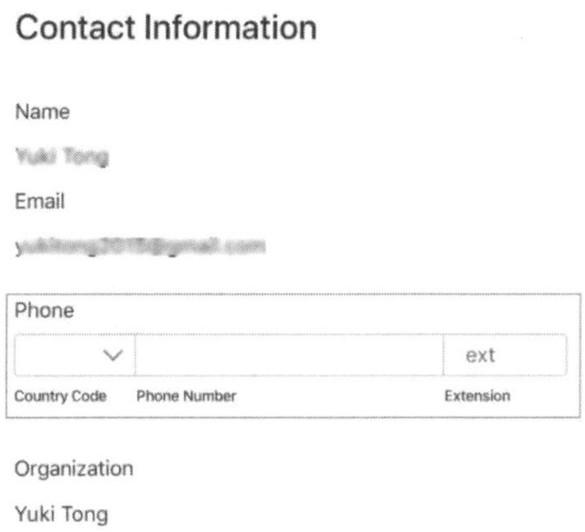

图 10-4　填写联系信息

第三步，填写 App 信息（App Information），包括 App 名称、App 的 Apple ID、相关 App（Related Apps，该项为选填项）、发布平台（Platform）。如图 10-5 所示。

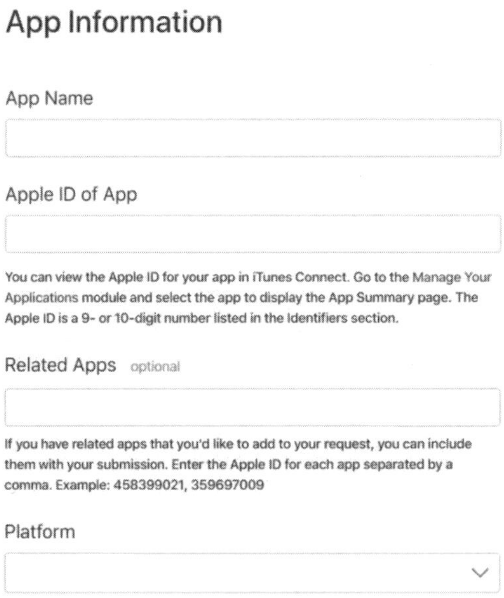

图 10-5　填写 App 信息

App 的 Apple ID 是标识符部分列出的 9 位或 10 位数字。开发者可以在 App Store Connect 中查看 Apple ID。

第四步，填写描述（Description），选择申请加速审核的原因并对其进行详细解释。如图 10-6 所示。

图 10-6　选择申请原因及描述

在申请加速审核的过程中有以下几点需要注意：

● 加速审核申请应使用英文，说明理由时用语应诚恳。

● 选择"加速审核"的原因为"Critical bug fix"（修复了重大 bug）并说明理由，更容易申请成功。选择"Time-Sensitive Event"（时间敏感事件）在节假日即将来临时的通过率较高。

● 加速审核一般可在 24 小时内出结果。如果本次审核被拒，再次提交审核时，默认为加速审核状态。

● 选择合适的申请时间。圣诞节等西方法定假期期间，加速审核可能会被直接驳回。

10.4　苹果官方联系方式大全

开发者在 App 上线或运营过程中遇到异常状况束手无策时，可以通过多种联系方式联系苹果官方了解详情或请求帮助。

1．与苹果开发者项目相关

（1）"苹果开发者计划"邮件支持

1）ChinaDev@asia.apple.com。该邮箱主要针对中国地区的开发者，主要处理与"苹果开发者计划"相关的问题。

2）DevPrograms@apple.com。该邮箱主要处理与"苹果开发者计划"相关的问题，如查询册状态、身份验证、D-U-N-S® 编号、激活状态，或者获取有关当前开发者账户和会员权益方面的帮助。

（2）"苹果开发者计划"网站支持

2018 年 5 月，苹果官方关停了全球 400 电话，更改为通过苹果开发者网站"联系我们"（Contact Us），通过邮件留言、预留电话号码等方式进行沟通咨询。

苹果开发者网站"联系我们"（Contact Us），如图 10-7 所示，便于开发者根据问题分类与苹果取得联系，该网页共分为 8 个主题和 58 个细分问题类型，每个类型下有相应的联系方式：

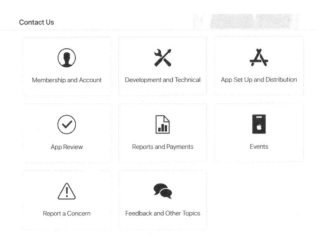

图 10-7　"联系我们"（Contact Us）页面

● 开发与技术（Development and Technical）

获取有关开发者计划与管理开发者账户的详细信息。包括与账户访问权限、账户信息更新、组织名称更改、D-U-N-S 编号、计划注册、计划购买和续订、协议和合同、开发者团队管理、App Store Connect 用户和职能、其他会员资格或账户问题等相关的咨询。

● App 设置和分发（App Set Up and Distribution）

获取更多在 Apple 平台上开发 App 时所需工具和资源的详细信息。包括与证书、标识符和预置描述文件、代码签名、代码级别的技术支持、开发者论坛问题、报告错误、软件下载、Xcode、授权请求、其他开发或技术问题等相关的咨询。

● App 审核（App Review）

获取与 App 审核相关的信息。包括与 App 审核状态、申诉 App 被拒或 App 移除、App 被拒说明、加快 App 审核的请求、Test Flight Beta 版应用审核、其他 App

审核问题相关的咨询。

● 报告和付款（Reports and Payments）

获取与税务和银行设置、App 分析、Apple Pay、付款和财务报告、销售和趋势、付费协议状态相关的信息。

● 活动（Events）

包括与 WWDC（全球开发者大会）、App Accelerator（关于 Apple 平台最新进展的会议，只适用于印度开发者，地点为班加罗尔）、Apple Developer Academy（苹果开发者学院）、其他事件相关的问题咨询。

● 报告问题（Report a Concern）

请求苹果协助处理争议，包括 App 名称争议、用户评论移除请求、报告欺诈问题、侵权等相关问题的处理。

● 反馈与其他主题（Feedback and Other Topics）

反馈 App Store Connect、开发者网站、WWDC App（App Store 中用于获取 WWDC 资讯的一款 App）使用过程中存在问题。

2. 与开发相关的联系方式

（1）Apple 开发者论坛（Apple Developer Forums）

链接地址为 https://forums.developer.apple.com/welcome，开发者可以在论坛中发布开发主题、提出问题，与其他开发者和 Apple 工程师进行开放式讨论。要访问 Apple Developer Forums，需要使用与开发者账户关联的 Apple ID 登录。

（2）代码级别的技术支持（Technical Support Incident，TSI）

代码级别的技术支持是针对 Apple 框架、API 和工具的请求，适用于 Apple Developer Program（苹果开发者项目）、Apple Developer Enterprise Program（苹果开发人员企业计划）和 MFi Program 会员（专业认证会员）。如果开发者无法修复错误、在实现特定技术时遇到困难或是在代码方面存在其他问题，可通过 TSI 提交。苹果会将该问题指派给某位开发者技术支持工程师，他们将尽力对代码进行故障诊断，或者查找可能的替代方案，从而加快开发进度。支持通常会在三个工作日内以英语电子邮件形式提供。

Apple Developer Program 和 Apple Developer Enterprise Program 会员可以从自己账户的"Code-level Support"（代码级支持）选项中提交 TSI 需求，如图 10-8 所示。

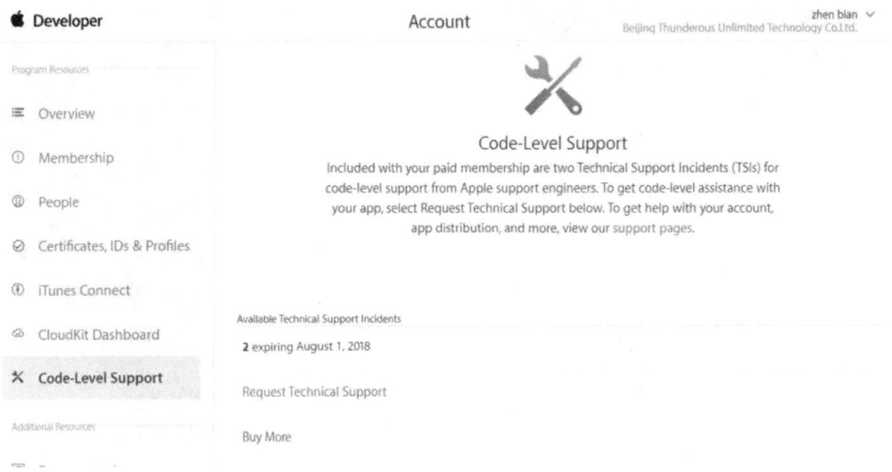

图 10-8　开发者平台"Code-level Support"

3. 与财务相关的联系方式

（1）与支付相关

iTSPayments@apple.com，主要处理与"支付"有关的问题，例如，查询支付状态、苹果向开发者支付费用等问题。

（2）与银行业务相关

iTSBanking@apple.com，主要处理与"银行业务"相关的问题，如咨询银行信息表格的填写方式、变更银行账户信息、误填开户行信息等和其他银行业务相关的问题。

（3）与税收相关

iTSTax@apple.com，主要处理与税收相关的问题，如报税表格的填写方式等。向该邮箱发送邮件。需要使用注册开发者账号的邮箱发送邮件。

（4）与销售趋势报告相关

iTunesAppReporting@apple.com，主要处理与销售趋势报告相关的问题，如报表丢失、销售报告与财务报告存在差异等。

（5）与合同条款

DevContracts@apple.com，主要处理与合同条款等有关的问题。

第 11 章
App 的一些玩法

　　每年的 WWDC 之后，伴随着 iOS 的升级改版，苹果会在 iOS 系统中或 App Store Connect 中推出一些新的功能，便于开发者开展形式多样的营销活动。本章内容在介绍如何申请开发者账号的基础上，介绍了近年来苹果推出的部分新功能。这些功能对于 App 的推广有非常明显的效果，但往往被开发者所忽视。通过本章内容的介绍，开发者能够对 App 的"玩法"有更全面地了解。

11.1　注册苹果开发者账号

11.1.1　苹果开发者账号的分类

　　想要成为苹果开发者就必须注册苹果开发者账号，并支付一定的费用。拥有了开发者账号后就可以开发相应计划的 App，将 App 上线至 App Store，并提供免费或付费下载。苹果将开发者账号分为个人、组织（公司、企业）、非营利组织、教育机构、政府机关五种，对于一般的开发者来说常使用的是前两种，这两类账号有不同的特点：

1. 个人开发者账号的特点

● 费用：99 美元/年（688 元/年）。

● 支持 App 上线 App Store。

● 协助人数：仅限开发者自己。

- 最大 UUID 支持数：100（UUID 是指通用唯一识别码（Universally Unique Identifier）的缩写，是指 iOS 设备的唯一设备识别符，开发者可通过在开发者账号中添加 UDID 的方式，增加用于测试 App 的设备）。
- 是否需要邓白氏编码：否。

2. 组织开发者账号的特点

（1）公司（Company）

- 费用：99 美元/年（688 元/年）。
- 支持 App 上线 App Store。
- 最大 UUID 支持数：100。
- 协助人数：多人。
- 是否需要邓白氏编码：是。

注：邓氏编码（D-U-N-S® Number），Data Universal Numbering System 的缩写。它是一个独一无二的 9 位数字全球编码系统，相当于企业的身份识别码（就像是个人的身份证），被广泛用于企业识别、商业信息的组织及整理。可以帮助识别和迅速定位全球 2.4 亿家企业的信息。

（2）企业（Enterprise）

- 费用：199 美元/年（1988 元/年）。
- 不支持 App 上线 App Store。
- 最大 UUID 支持数：无限制。
- 协助人数：多人。
- 是否需要邓白氏编码：是。
- 企业开发者账号适用于开发公司内部 App，这类 App 无须在 App Store 上线但需要大量部署。

11.1.2　苹果开发者账号的注册方式

1. 登录苹果开发者计划网站进行注册

无论是注册哪种类型的账号，都需要登录苹果开发者计划网站（Apple Developer Program，网址为https://developer.apple.com/programs/）进行注册。具体注册方式如下：

1）点击页面右上角 Enroll（注册），如图 11-1 所示，打开开始注册页面，该页面介绍了注册时所需的信息，仔细阅读后，选择 "Start Your Enroll"（开始申请），如

图 11-2 所示。

图 11-1　苹果开发者计划网站页面

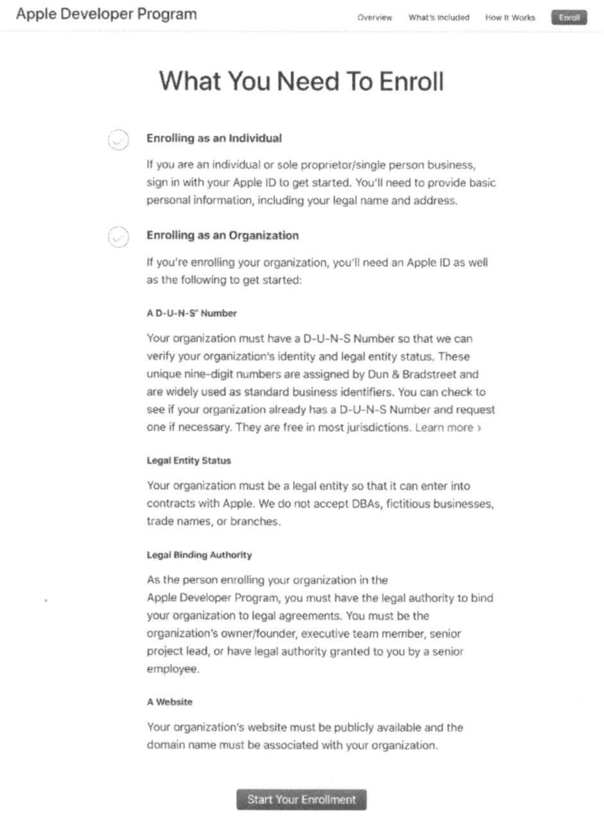

图 11-2　开始注册页面

2）页面跳转至 Apple ID 登录页面，输入 Apple ID 并点击"Sign in"按钮登录，如图 11-3 所示；之后会进入注册页面，核对 Apple ID 信息并选择注册类型，如图 11-4 所示。

图 11-3　Apple ID 登录页面

Apple Developer Program 注册

Apple ID 信息

此 Apple ID 帐户中的信息将用于验证事宜和法律协议，因此请确保您的法定姓名和国家/地区都正确无误，如需编辑帐户信息，请联系我们。

电子邮件

2213386115@qq.com

名称

晓米 璐

国家

China

实体类型

我以下述身份开发 app：

选择　　　　　　　　　　　　　　　　∨

取消　继续

图 11-4　选择注册类型

接下来将会介绍申请个人开发者账号和公司开发者账号的具体流程。

2. 申请个人开发者账号

（1）准备材料

需要准备的材料包括：

- Apple ID。
- Visa/MasterCard 信用卡。

（2）注册流程

1）在如图 11-4 所示的"Developer Program 注册"（苹果开发者计划注册）页面中，核对 Apple ID 信息，并在"实体类型"对话框中选择相应的注册类型为个人/独资业主/个人业务，完成后，单击页面右下角"继续"按钮。

2）页面跳转后，分别用中文（当地语言）和英文填写联系信息，仔细阅读"Apple Developer Program 许可协议"并表示同意后，单击右下角"继续"按钮。如图 11-5 所示。

图 11-5　填写注册信息

联系信息 (罗马字母形式)

请使用英文字母输入您的住宅或企业地址。请勿使用特殊字符。

名字

请使用英文字母输入您的法定名字。请勿使用特殊字符。

姓氏

请使用英文字母输入您的法定姓氏。请勿使用特殊字符。

地址行 1

地址行 2　可选填

市/镇

州/省

选择　　　　　　　　　　　　　　　　∨

邮政编码　可选填

Apple Developer Program 许可协议

这是您与 Apple 之间订立的法律协议。

📄 下载 PDF

PLEASE READ THE FOLLOWING APPLE DEVELOPER PROGRAM LICENSE AGREEMENT TERMS AND
CONDITIONS CAREFULLY BEFORE DOWNLOADING OR USING THE APPLE SOFTWARE OR APPLE
SERVICES. THESE TERMS AND CONDITIONS CONSTITUTE A LEGAL AGREEMENT BETWEEN YOU
AND APPLE.

Apple Developer Program License Agreement

Purpose
You would like to use the Apple Software (as defined below) to develop one or more Applications (as defined
below) for Apple-branded products. Apple is willing to grant You a limited license to use the Apple Software and
Services provided to You under this Program to develop and test Your Applications on the terms and conditions
set forth in this Agreement.

☐ By checking this box I confirm that I have read and agree to be bound by the
Apple Developer Program License Agreement above. If I am agreeing on behalf
of my company, I represent and warrant that I have legal authority to bind my
company to the terms of such Agreement above. I also confirm that I am of the
legal age of majority in the jurisdiction in which I reside (at least 18 years of age
in many countries).

取消　　返回　　继续

图 11-5　填写注册信息（续）

3）页面跳转后，确认填写的信息，单击"继续"按钮进入付款页面。填写发票信息、邮寄地址并使用信用卡付款。目前开发者账号支付只能使用 Visa/MasterCard 信用卡。付款页面如图 11-6 所示。

图 11-6　付款页面

4）付款成功后，将收到苹果发来的邮件，用于确认、完善信息，开发者按照邮件要求回复即可。苹果会在 1～2 天之内审核并回复至注册邮箱。至此整个注册流程全部完成。

3. 公司开发者注册流程

需要注册的材料如下：

（1）准备材料

- Apple ID。
- 公司邮箱。
- Visa 或 MasterCard 借记卡或信用卡。
- 公司网址。

（2）注册流程

1）申请 D-U-N-S Number（邓白氏编码）。

申请 D-U-N-S Number（邓白氏编码）的网址为：https://developer.apple.com/enroll/duns-lookup/#/search，该网页登录后如图 11-7 所示，依次填写以下内容：

- 组织信息，包括：国家，法人名称；
- 总部地址，包括：街道地址，城镇/市，州/省，邮政编码，电话号码；

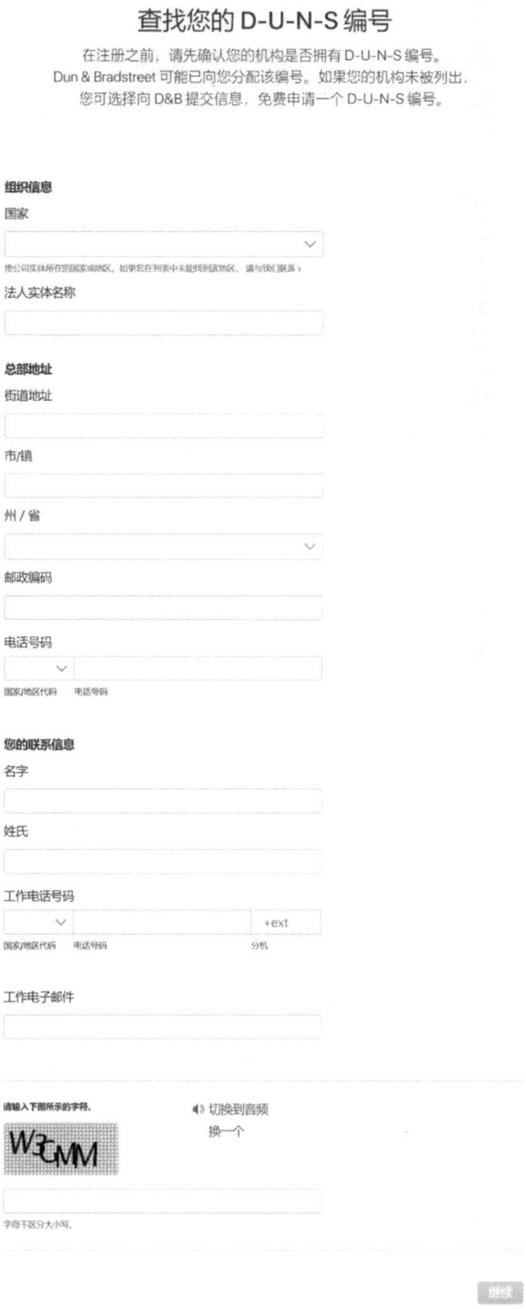

查找您的D-U-N-S编号

在注册之前，请先确认您的机构是否拥有 D-U-N-S 编号。
Dun & Bradstreet 可能已向您分配该编号。如果您的机构未被列出，
您可选择向 D&B 提交信息，免费申请一个 D-U-N-S 编号。

组织信息

国家

摄公司实体所存到国家或地区。如果您在列表中未能找到该地区，请与我们联系。

法人实体名称

总部地址

街道地址

市/镇

州 / 省

邮政编码

电话号码

国家/地区代码　电话号码

您的联系信息

名字

姓氏

工作电话号码

国家/地区代码　电话号码　　　　　　　分机

工作电子邮件

请输入下图所示的字符。　　　🔊 切换到高频
　　　　　　　　　　　　　　　　换一个

W3CMM

字母不区分大小写。

[继续]

图 11-7　申请邓白氏编号页面

● 联系方式包括：名，姓，工作电话号码，工作电子邮件。

填写完以上信息后，单击页面右下角"继续"按钮，将填写的信息提交。随后，华夏邓白氏公司会发来一份邮件，里面包含邓白氏编码申请下来的时间。

之后华夏邓白氏公司来电核实相关信息，如公司名称、地址等，几个工作日后会通过邮件的形式发送邓白氏编码。由于数据同步问题，申请到的邓白氏编码 2 周之后才能使用。

2）申请公司开发者账号

① 同申请个人开发者账号一样，登录 Apple ID 页面，跳转至"Apple Developer Program 注册"页面后，核对 Apple ID 信息，并选择注册类型为"公司或组织"，完成后，单击页面右下角"继续"按钮。

② 页面跳转至账号申请页面，根据申请人的不同角色选择填写以下信息，如图 11-8 所示：

图 11-8　账号申请页面

● 公司创始人（所有者）：选择"我是所有者/创始人，并有权将我的组织绑定到法律协议。"；并填写组织信息，包括：法人实体名称，D–U–N–S®编号，网站，总部电话号码，税号/身份证号（可选填）。

● 授权申请人：选择"我的组织已授权我约束其遵守法律协议"。除填写组织信息外还需填写验证联系人的信息。

信息填写完毕后，单击"继续"按钮进入信息确认页面，信息核对无误后，选择"继续"按钮完成申请。

通常情况下，申请需要一周的时间，这个过程中，苹果会通过电话联系申请人并确认相关信息。审核通过后，苹果会发来一封邮件，按照邮件提醒确认相关协议并付款即可。

11.2   iMessage App Store 简介

iMessage 是苹果公司推出的即时通信软件，可以发送短信、视频等，不同于运营商的短信/彩信业务，用户仅需要通过 WiFi 或者移动通信网络就可以完成通信。iMassage 有非常高的安全性。

2016 年 9 月 13 日，苹果正式推出了面向 iOS 10 及以上版本用户的 iMessage App Store，这是继 App Store、Mac App Store、Apple Watch App Store 和 Apple TV App Store 后，苹果推出的第五个应用商店，内置于 iMessage App 中。

1. iMassage App Store 概述

iMassage App Store 是一个独立完整的 App Store，用户可通过 iMassage 进行访问，如图 11-9 所示。iMessage App Store 首页如图 11-10 所示。iMessage App Store 目前已经提供 2000 款 App，大部分为贴纸表情包。iMessage App Store 中发布的 App 大致可以分为两类，一类是专门为 iMessage 所设计的 iMessage App，本身是一个扩展（Extension），它可以独立开发，不依赖任何宿主 App（Container App）；而另外一类则是 iOS 设备中现有 App 的延伸扩展，在现有的项目中添加了 iMessage App。对于后者，iOS 系统会自动将其添加到 iMessages App Store，用户可以在 iMessage App Store 管理页面中，选择要不要自动加入（假如用户安装了这类 App，它会自动将这类 App 加入到 iMessage 中，例如 Apple Music 就属于这一类）。

图 11-9　iMassage App Store

图 11-10　iMassage App Store 首页

2. iMessage App 功能类别

（1）Sticker pack

单独的表情包 App，不需要编写任何代码，只需拖动图片即可，包括静态和动态表情。可以是 Sticker pack App 或 Sticker pack Extension。

（2）iMessage App

单独的 iMessage App，需要编写代码，可以发送表情包、文字、视频、音频、内支付等。可以是 iMessage App 或 iMessage App Extension。

3. iMassage App Store 的影响

iMessage 借助 iOS 10 的大更新重新受到了世人的瞩目。通过开放 API，苹果联合开发者们让 iMessage 变得更加强大，更加灵活，更加地贴近生活，让用户更愿意去使用它。

iMassage App Store 的出现在改变用户行为的同时，也影响到了开发者的推广方式。开发者只需要在已上线 App Store 的 App 中添加 iMassage 扩展功能，App 便可以在 iMassage App Store 中显示。也就是说，iMassage App Store 的出现为 App Store 中的 App 增加了展示位置和曝光机会，也增加了用户发现 App 的趣味性。

11.3　App 内评分 API 的使用

iOS 10.3 以前，如果开发者想让用户给予评分，必须从 App 内跳转到 App Store 中进行操作或在 App 内部加载 App Store 展示 App 信息，用户才能够进行评论。整个评论流程较为烦琐，再加上 App Store 加载过程较长，导致很少有用户愿意主动评论。iOS 10.3 更新后，苹果引入了 App 内评分机制，用户无须离开App，只需要在弹出的评论页面点击评论星级即可，如图 11-11 所示。开发者可通过调用 App 内评分 API——SKStoreReviewController API，来实现 App 内评分的功能。

1. 实现方式

（1）引用头文件

在调用内评论模块的类的.h 文件或.m 文件中引用头文件：

图 11-11　App 内评论效果

```
#import <StoreKit/StoreKit.h>
```

（2）调用方法

在需要触发 App 内评论的函数内加入：

```
[SKStoreReviewController requestReview];
```

2. 注意事项

（1）该 API 在一个 App 内每 365 天最多可以使用 3 次弹窗来请求用户评分。开发者只能使用该 API 进行评分而不能进行评价和反馈。

（2）在开发模式下该窗口会每次都弹出，在 TestFlight 模式下则不会弹出。

（3）在 Release 模式下调用该 API 时窗口可能不会弹出，所以不要通过按钮事件或用户行为来触发该事件。

3．潜在风险

在 iOS 10.3 版本之前，很多开发者为提升 App 评论星级，会对触发引导评论的场景进行优化。例如，首先询问用户是否对 App 满意，如果用户认为"满意"，则跳转至 App Store 评分；如果用户选择"不满意"则跳转至填写反馈页面。这种方式避免了用户直接在 App Store 中填写差评。

类似的做法在 App 内评分 API 中不一定适用。App 内评分 API 只能请求调用，而在调用后，用户是否进行评分以及评分为多少开发者都无法获取，甚至是否调用成功都无法获知。如果先询问用户是否满意，用户选择满意时向系统请求调用 App 内评分 API，但 App 内评分的弹框并没有成功展示，这种情况是可能存在的（比如，该时间段内是否评价次数已经用完）。而开发者不能采取其他策略来应对，因为不知道弹框是否顺利显示。

4．解决方案

为避免以上情况的出现，开发者需要在合适的时机，请求调用 App 内评分 API。以"一游旅行"为例，用户赞赏某篇攻略后，请求调用 App 内评分 API。这些积极行为可以加以引导，提高高评论星级的转化率。同时，如果在这些时机直接发起请求，一旦调起失败，也不会影响原先的使用流程，不会给用户产生疑惑。

■ 11.4　设置 App 预订

2017 年 12 月 11 日苹果全面开放"预订"功能。所有未在 Apple 平台上线的 App 均可用于"预订购买"，用户可在 App 发布之前查看 App 信息并选择是否"预订"。

App Store 开放 App 预订功能，更多地为开发者提供便利，开发者在 App 正式上线之前就能预测市场的热度，对 App 或者服务器进行调整，并且还可以提前收到预购费用。

如图 11-12 所示，提供"预订购买"的 App 右侧有蓝色"预订"的标识，App 在未发布前，用户可查找并预订该款 App。

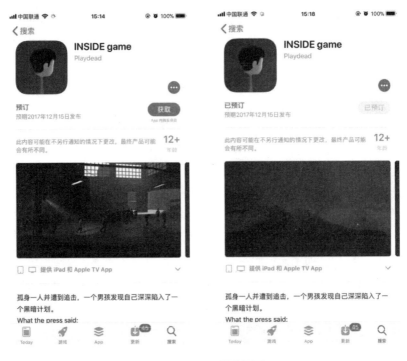

图 11-12 App 预购页面

1. 适用的 iOS 系统版本

"预订"功能可在基于 iOS 11.2、tvOS 11.2 和 macOS 10.13.2 或更高版本的设备上运行。

"预订"功能适用于从未在 App Store 中发布的 iOS App 或 tvOS App，不包括已上线的 App 发布其他国家或地区，也不包括在其他 Apple 平台发布。例如，将现有的 iOS App 添加到 tvOS 应用商店中。

2. 设置

首次在 App Store 上发布 App 之前，开发者可以选择将 App 开放预订。当开发者将 App 加入预订时，需要添加发布时间，这个日期在未来的 2～90 天内。在 App 正式上线后，选择预购的用户将会收到通知，并在 24 小时内自动下载到他们的设备中。以下为 App 加入"预订"功能的步骤：

（1）登录 App Store Connect，选择"我的 App"，选择要加入预订的 App，左侧列中选择"价格与销售范围"，如果该 App 从未在 App Store 上发布过，将可以设置预订。

（2）选择"支持预订"，如图 11-13 所示，选择一个日期以发布 App 供用户下载，单击右上角的"保存"。发布日期必须为在未来 2～90 天。从平台版本信息页面中删除其他版本发布选项。如图 11-13 所示。之后，App 进行审查。

图 11-13　设置 App 预订的页面

（3）App 审核通过后，并且已准备好将其以预订形式发布，返回到"价格和销售"页面，确认发布日期，单击右上角"Release as Pre-Order"（以预订形式发布）按钮。

开发者可以在预订期间提交 App 新版本进行更新，也可以更改价格与销售范围。如果 App 提供内购买项目，可以在预订之前和预订期间在 App Store Connect 中对其进行设置。App 正式发布前，App 内购买项目不会出现在 App Store 产品页面中。

3. 营销推广

使用营销推广渠道（例如：网站、邮件列表和社交媒体账户）鼓励受众访问 App Store 并预先订购该 App。App Store 不会针对更改发布日期提醒用户，如果发布日期可能发生变化，需要另行传达更改发布时间的通知。同样，如果从 App Store 中删除 App 预订优惠，也要在第一时间通知用户。

在 App 正式发布时，更新所有营销材料和 App Store 截图等信息，以便于提醒用户 App 现在可以在 App Store 上下载了。

4. 用户体验

用户可以从搜索结果、Today、游戏、App 菜单或产品页面预先订购 App。App 发布后，会自动下载到用户请求预订的设备以及启用了自动下载的其他设备。完成安装后，用户将会收到消息提醒，通知他们 App 可用。预订付费 App 的用户只有在下载之后才需要付费，如果 App 价格在这段时间内发生变化，用户将按照较低价格付费——即用户已接受的预订价格或发布当天的价格。

"预订"功能基于 iOS 11.2、tvOS 11.2 和 macOS 10.13.2 或更高版本的设备运行，设备为早期操作系统的用户可通过链接访问 App 产品页面，但"预订"按钮被显示为禁用，用户需要更新到最新的操作系统版本，才能进行预购。

5. 查看数据

开发者可以在"销售和趋势"中跟踪 App 的预订表现。"销售和趋势"显示已订购数、已取消数和净预订数（预订数减去取消数）。当某个 App 的预订发布，并可供用户下载后，则该预订被记为 1 个产品销量。对于付费 App，在计费成功后，该 App 还会记录与预订相关的销售额。

Part3
苹果搜索广告优化

苹果搜索广告（Apple Search Ads）发布后，ASO 的内涵更加丰富，除了对于 App 元数据的优化外，还包括了对苹果搜索广告的优化。苹果搜索广告优化依赖于其投放系统，也就是说广告投放的过程就是广告优化的过程。通过选词、出价、调价、跟踪用户行为等方式，使得广告投放效果最大化。

本篇内容主要介绍苹果搜索广告及其投放系统，通过对不同参数的剖析，让开发者了解苹果搜索广告优化的各种"玩法"，从而提升广告投放的实际效果。

第 12 章
深入了解苹果搜索广告优化

2016 年 9 月，苹果面向美国用户发布了苹果搜索广告（Apple Search Ads），后续又对 12 个国家的用户开放了这一服务。目前苹果搜索广告还未在中国发布，但已经受到了国内开发者的关注。本章内容主要介绍苹果搜索广告的竞价原理和操作平台。通过本章内容，帮助开发者深入了解苹果搜索广告。

12.1 苹果搜索广告的竞价原理

如前文所述，苹果搜索广告是苹果官方设置在 iPhone、iPad App Store 中的竞价广告，它在特定关键词搜索结果首位展示（iPad 为右上角），每次搜索仅展示一个广告位，用户可以通过点击广告下载其推荐的 App。

苹果搜索广告采用竞价机制，也就是说开发者为一款 App 选择某一关键词投放广告，该 App 能否竞价成功，也就是在该关键词下展示广告，以及广告展示量的多少均受到竞价系数的影响。而影响竞价系数的因素有两个——相关性和出价，它们三者的关系可用以下公式表示：

$$竞价系数=相关性 \times 出价$$

1. 相关性

相关性是指 App 与投放关键词之间的关联度，也代表着苹果搜索广告对用户的吸引力，影响相关性的主要因素有两个：

（1）文本信息

App 名称、副标题、关键词、描述等信息会对 App 与关键词的相关性产生影响。根据 AppBi 数据分析，如果 App 文本信息中覆盖了某个关键词，那么投放该关键词成功的机率更高。

（2）用户反馈

App 在特定关键词下的广告从展示到点击（TTR）、点击到下载（CR）的转化越高，相关性就越强，苹果搜索广告就会将更多的流量分配给这款 App。

2. 出价

苹果搜索广告采用竞价机制，最终按照点击（CPT，Cost-Per-Taps）次数计费，只有用户点击广告时开发者才需要付出费用。

点击的实际价格采用次价密封竞价（Second Price Auction）模式，每一次点击的实际成交价格是根据开发者出价和仅次于该出价的竞争对手出价计算得出。例如：对于关键词"Rules of Survival"，某开发者出价为 5 美元/CPT，仅次于该出价的为 3 美元/CPT，最后成交价格将会高于 3 美元而低于 5 美元。

根据 AppBi 的数据监测，同一关键词可以有多款 App 同时竞价成功，不同的用户或同一用户在不同时间段内可能搜索到的广告不同。这意味竞价系数直接影响着广告展示量。如图 12-1 所示，根据 AppBi 监测，关键词"games"下共有 55 款 App 竞价成功，其中竞价系数最高的两款 App，Design Home 和 Angery Birds2 占据了该关键词展示量的半壁江山，而竞价系数较低 App 的广告展示量则不足 6%。

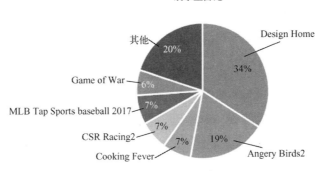

图 12-1　App 展示量占比

根据苹果搜索广告竞价原理，可以总结出苹果搜索广告展示的基本原则：

● 当 App 与关键词相关性极低时，无论多高的出价，都不会有广告展示。

- 当相关性相同时，优先展示出价高的 App。
- 当出价相同时，优先展示相关性高的 App。

除此之外，App 在特定关广告下的展示量还会受到关键词竞争度、市场环境等因素的影响。

如图 12-2 所示，共有 5 款 App 参与 "Photo filters" 的广告竞价。由图可知，位于 "相关性" 坐标轴下方的三款 App 分别为财务类、天气类和工具类 App，与关键词没有相关性，因此，没有参与竞价的资格。其余两款 App 均为摄影与录像类 App，与关键词的相关性较强，竞价成功的可能较大。根据苹果搜索广告的竞价原理，两款 App 同时竞价成功会优先展示竞价系数高的 App。

图 12-2 "Photo filters" 竞价案例

12.2 苹果搜索广告账户注册流程

苹果为搜索广告开发了专门的管理平台，便于开发者或代理商创建、管理广告计划。开发者或代理商需要使用开发者账号注册苹果搜索广告账号，才能够使用相应的功能。

12.2.1 注册苹果搜索广告账号

在注册苹果搜索广告（管理平台）账户之前，首先需要拥有计划投放 App 对应的开发者账号。使用这个账号，通过苹果搜索广告的官方网站 https://searchads.apple.com/（网站首页如图 12-3所示）注册苹果搜索广告账户。

图 12-3　选择账户版本

注册苹果搜索广告账号的具体步骤如下：

1）在苹果搜索广告首页右上角"Sign in"中选择 Basic 或 Advance 版，如图 12-3 所示。

2）使用与 App Store Connect 账户关联的 Apple ID 登录苹果搜索广告官方网站，如图 12-4 所示。

图 12-4　使用 Apple ID 登录网站

3）页面跳转后，在"Create an account"页面填写相关的账户设置字段，如图 12-5 所示。该页面注册信息分两部分，账户信息（Account Information）和基本信息（Primary Contact）。要填写的信息如下（填写上述注册信息需要注意的关键点在下一节会详细说明）：

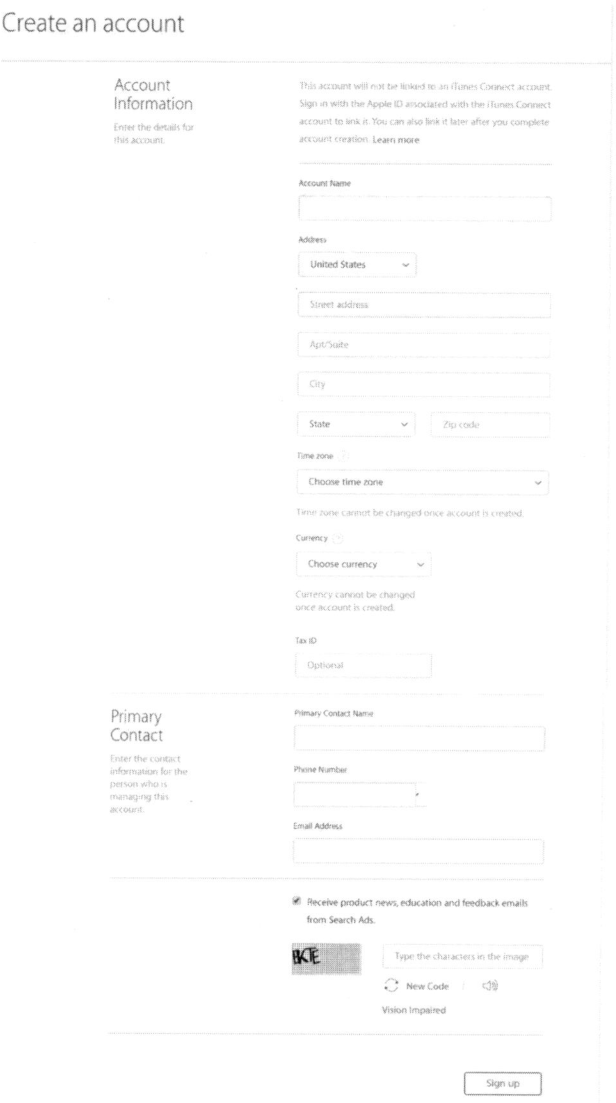

图 12-5 苹果搜索广告账号注册页面

Account Information（账户信息），包括 Account Name（账户名称）、Adress（地址）、Time Zone（时区）、Currency（货币）和 Tax ID（税号；选填）。

Primary Contact（基本信息），包括 Primary Contact Name（名称），Phone Number（电话号码），Email Address（邮箱地址）。

填写完以上信息后，单击"sign up"（注册）按钮后，页面重新跳转至登录页面，输入账号与密码重新登录即可。

12.2.2　注册账号的关键点

在注册广告时，开发者填写的账户信息一旦提交就无法更改，因此填写时需要注意以下关键点：

（1）货币（Currency）

可设置为美元（US Dollar）、加元（Canadian Dollar）、澳元（Australian Dollar）、英镑（British Pound）、欧元（Euro）、墨西哥比索（Mexican peso）、新西兰元（New Zealand Dollar），币种的选择关系到投放过程中的出价、结算等。美元作为国际货币结算方便快捷，建议选择美元。

（2）时区（Time Zone）

选择的时区决定账户下各种数据报表的起止时间。建议与广告投放地区一致。

12.2.3　支付设置

在账号注册成功之后，开发者就可以为 App 创建广告计划了，不过需要对苹果搜索广告支付方式进行相应设置，才能够开启广告计划，以下介绍这部分内容。

当前苹果搜索广告支付方式只支持 Visa→Master→American Express→Discover 四种信用卡和 Visa、MasterCard 两种借记卡，暂不支持银联。每个账户只能添加一张有效银行卡。具体添加步骤为：

1）登录苹果搜索广告账号。

2）点击页面右上方账户名中的"Setting"按钮，如图 12-6 所示。

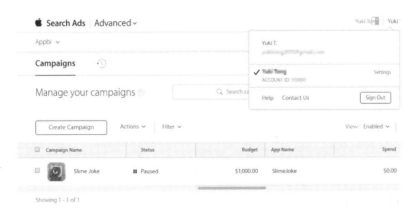

图 12-6　点击首页账户"Setting"按钮

3）页面跳转至"Account Settings"页（如图 12-7 所示），选择"Billing"选项，在 Payment Method 页面中进行如下的支付设置：

● 输入银行卡号（Card Number）。

● 有效期（Expiration）。

● 安全码（Security Code）。

● 持卡人姓名（Cardholder's Name）。

● 账单地址（Billing Address）。

● 账单邮箱（Billing email）。

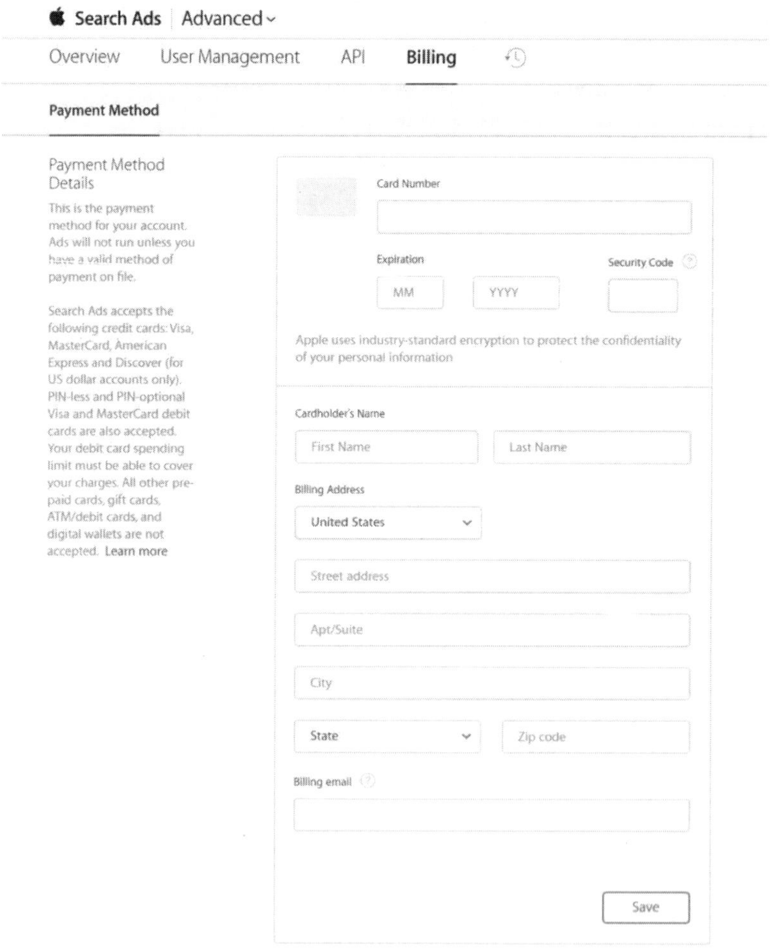

图 12-7　支付设置页面

4）填写完这些信息后，单击"Save"按钮即可。

如需更换新的付款方式，只要添加新银行卡就可以了，在 24 小时内，最多可以更换 3 次银行卡。苹果搜索广告的费用以每$500 或者每 7 天结算一次，以先达到者为准。

暂未添加银行卡或银行卡无效的账户，虽然能够创建广告计划，但创建完成后的广告计划将会处于暂停状态（Campaign on hold），暂时无法开启。

账号注册完成后，就可以开始操作（投放）苹果搜索广告了。接下来对苹果搜索广告投放系统进行介绍。

 ## 12.3　苹果搜索广告投放系统

苹果搜索广告优化的各项参数需要通过其投放系统来设置、优化。苹果搜索广告发布之初，仅有一种投放系统。2017 年 12 月 6 日，苹果搜索广告系统增加了基础版，原有的投放系统改名为高级版。那么，高级版和基础版的投放系统各有什么功能？各自的特点和优势又是什么呢？接下来将对其进行详细介绍。

12.3.1　基础版投放系统

苹果搜索广告投放系统的网址为：http://searchads.apple.com/，可在首页选择基础版或高级版。

1. 基础版概述

苹果搜索广告投放系统基础版界面如图 12-8 所示。

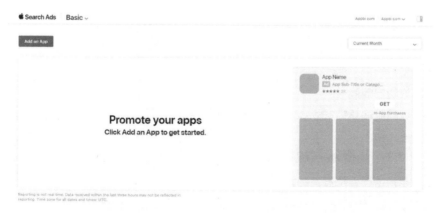

图 12-8　苹果搜索广告基础版界面

苹果搜索广告投放系统基础版主要面向搜索广告"小白"用户以及在广告投放上投入时间有限的用户，无须使用更多高级工具或功能，便可以实现高效投放、获得优质用户。对开发者而言，仅需三步简单操作即可开始投放：

1）选择一款 App。

2）设定每月预算。

3）设定最大 CPI 出价。

苹果搜索广告投放系统基础版操作简便，投放"智能"，可节省开发者的时间和精力。

2. 基础版收费模式

苹果搜索广告投放系统基础版的收费模式是 CPI（Cost-Per-Install）模式，即按安装付费。开发者只需设置最大 CPI，基于苹果对 App 相关信息的了解和同类 App 愿意为获取用户的出价情况，苹果官方会给出最大 CPI 建议价。开发者可以采纳由苹果建议的最大 CPI，也可以根据自己的意愿设定 CPI。不过，苹果推荐采用其建议价以获得更多展示。

3. 基础版特点

苹果搜索广告投放系统基础版最大的特点是——设定目标，托管式服务。

（1）无须专业知识

设定好账户信息后，选择启动基础版，然后输入 App 信息和每月预算。苹果系统将智能创建广告，并为 App 匹配目标用户。

（2）仅需支付安装成本

可以设定为苹果建议的最大 CPI 或根据自己意愿进行设定。

（3）节省时间

每个月仅需花几分钟时间查看数据报表即可了解 App 投放情况。

（4）随启随停

可以随时调整预算或暂停广告，没有时间限制。

12.3.2 高级版投放系统

苹果搜索广告投放系统高级版界面如图 12-9 所示。

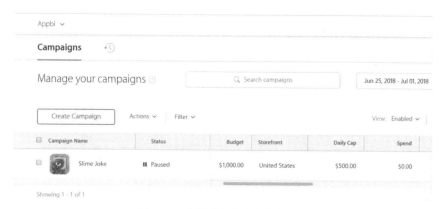

图 12-9　苹果搜索广告高级版界面

　　苹果搜索广告投放系统高级版主要面向一些"高阶"用户以及可以投入大量时间和精力进行广告投放的用户，可以结合一些工具（设定搜索匹配、选择关键词、选择用户特点、设备类型等）来有效地推动 App 下载转化率的提升，并对搜索广告的投放进行有效管理，随时掌握 App 广告投放的所有信息，并根据实际随时调整投放策略。

　　苹果搜索广告投放系统高级版的收费模式依然是按原来的 CPT 模式，只需在用户点击广告时付费。点击的实际成本是次价密封竞价的结果，根据最接近的竞争对手愿意为其广告点击支付的费用，最高到开发者出的最高 CPT 出价，来计算应支付的 CPT。

12.3.3　基础版和高级版对比

1. 基础版和高级版的各自特点

苹果搜索广告投放系统基础版和高级版的特点对比如表 12-1 所示。

表 12-1　苹果搜索广告基础版和高级版特点对比

基础版特点	高级版特点
按 CPI 付费（按安装）	按 CPT 付费（按点击）
苹果提供智能投放算法	自主设定关键词、用户类型、设备等
智能投放、出价	手动投放、调价
时间成本低	时间成本高
操作简单便捷	步骤繁多、可控性强

2. 基础版和高级版的优劣势

（1）基础版优势与劣势

基础版优势是：不需要复杂操作，只需要设置预算和 CPI，操作极简；可以按 CPI 结算，转化成本可控；智能投放、出价，不需要手动调整；

基础版劣势是：无法设置、定位精准客户群体；按月设置预算，不够灵活；基础版预算一旦设定，在当月仅可调高无法降低，只能从下月开始才能降低预算；数据报表内容单一（仅有安装量、平均 CPI 和花费），没有详细数据。

（2）高级版优势与劣势

高级版优势是：创建广告时可以精准定位用户群，设置用户属性、地理位置等；可以设置每日预算，灵活控制支出；可以自主控制关键词和出价；数据报告非常详细，方便查看数据来龙去脉。

高级版劣势是：操作复杂度高，不易上手；关键词选择困难；按 CPT 计价，出价、CPA 难以控制；操作后台相对使用不是很简便。

苹果搜索广告投放系统基础版和高级版的划分可以更好地方便不同类型、不同需求的开发者选择使用，基础版和高级版基于完全不同的投放模式、收费模式和操作流程，为开发者提供不同的服务与功能。

12.4 苹果搜索广告账户结构

苹果搜索广告账户结构中，基础版较为简单明确，只有一个管理层级；高级版较为复杂，共分为五个层级，分别为：关键词（Keywords）、关键词组（Ad Groups）、广告计划（Campaigns）、广告组（Campaign Groups）、账户（Account），认识苹果搜索广告账户结构，能够在实际操作过程中从不同层级清晰地了解和分析投放效果。

12.4.1 苹果搜索广告账户结构概述

苹果搜索广告投放系统高级版账户结构如图 12-10 所示，从下往上依次是 Keywords、Ad Groups、Campaigns、Campaign Groups、Account。

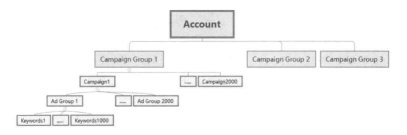

图 12-10　苹果搜索广告账户结构

以下对高级版版账户结构各个层级的相应介绍。

1. 关键词（Keywords）

关键词，是高级本账户中最低的投放单元。开发者可针对每一个关键词设定出价、匹配模式等等。

2. 关键词组（Ad Groups）

关键词组，是关键词的集合。一个关键词组中可以添加 1000 个关键词、2000 个屏蔽词。开发者可以根据关键词的类型设置不同的词组，比如可以将竞品品牌词、行业词设置不同的词组，对比投放效果。

3. 广告计划（Campaigns）

广告计划，是对即将进行的广告活动的规划。一款 App 对应一个广告计划，App 所有的广告活动都是在这个广告计划下完成的。广告计划包括关键词组和关键词，一个广告计划下可以创建 2000 个关键词组。

4. 广告组（Campaign Groups）

广告组，是广告计划（Campaigns）的集合。这一层级主要为苹果搜索广告代理商设置，一个客户可能会有多款或多个地区的投放需要，使用广告组将这些 App（广告计划）管理起来会更加方便。同时，广告组能够开放查看或修改权限给其他苹果搜索广告账户，便于数据分享。每一个广告组可以创建 2000 个广告计划。

5. 账户（Account）

账户（Account）。2017 年 11 月 24 日，苹果对搜索广告账户做出调整，开发者只能使用开发者账号注册苹果搜索广告账户，并且只能投放该开发者账号的下的 App。而在 11 月 24 日之前，开发者可以使用任意 Apple ID 注册苹果搜索广告账户，可以投放在 App Store 上线的任意一款或多款 App。

下面是 AppBi（账户）的广告账户结构，如图 12-11 所示。该账户下针对不同的客户创建了多个广告组（Campaign Groups），分别为"Supercell""Tencent"等。其中"SuperCell"有两款 App，Boom Beach 和 Clash Royale，需要在英、美、澳三个国家分别投放，因此需要为该广告组创建 6 个广告计划，分别为 Boom Beach_UK、Boom Beach_US、Boom Beach_AU、Clash Royale_UK、Clash Royale_US、Clash Royale_AU。每个广告计划所投放的关键词分为两组，如 Boom Beach_UK 广告计划下的两个关键词组，一组是与 Boom Beach 相关的竞品词，另一组则是与 Boom Beach 相关的行业词。每个关键词组中最多可以添加 1000 个关键词。

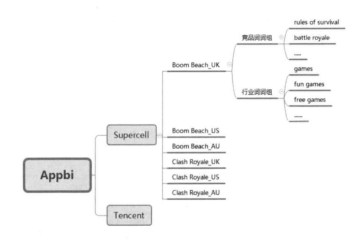

图 12-11　AppBi 苹果搜索广告结构图

12.4.2　邀请用户

了解苹果搜索广告优化系统高级版后，开发者可根据不同的需要，将不同的层级（权限）开放给不用职能的用户。

1. 邀请方式

邀请用户或其他团队成员加入苹果搜索广告账户，以下是邀请其他用户访问账户或广告计划的方法：

1）单击苹果搜索广告首页右上角账户名称下的"Settings"按钮。

2）页面跳转后，点击"用户管理"（User Management）。

3）点击"邀请用户"（Invite user）。

4）输入所邀共享账户的用户的姓名和 Apple ID，如图 12-12 所示。

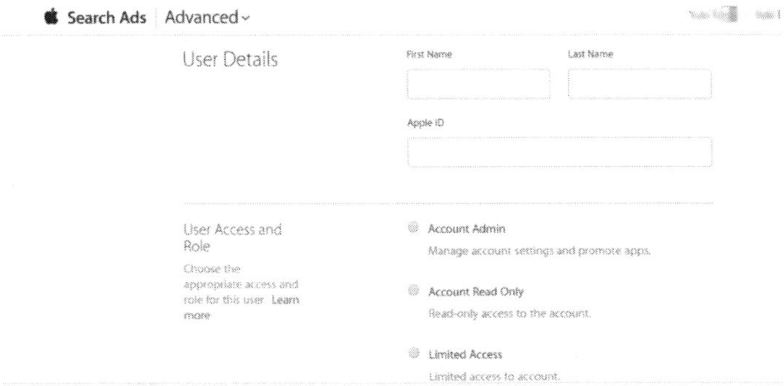

图 12-12　邀请用户

5）通过为整个账户或一个/多个广告组授予用户角色以指定用户访问权限。

6）受邀用户会收到一封邮件，说明他们已被邀请加入某一苹果搜索广告账户，如图 12-13 所示。要接受邀请，他们必须使用被邀请的 Apple ID 进行登录。

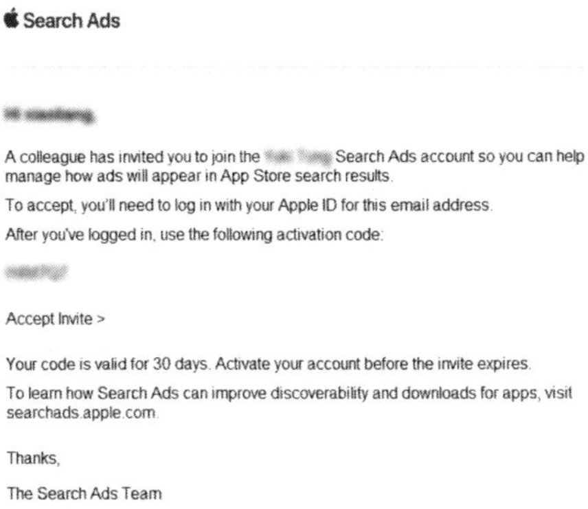

图 12-13　邀请邮件

2. 用户角色

每个用户角色决定用户在账户（或某个特定广告系列）中的访问权限和操作权限。用户功能取决于所分配的用户角色。苹果搜索广告账户用户角色分别为管理员（Admin）、广告组管理（Group Manager）、读写（Read&Write）和阅读（Read

Only）四种。他们的访问权限各不相同，管理员访问权限最大，与主账号的权限相同。开发者或代理商可根据用户需求的不同，开放权限给内部员工或客户。阅读权限最小，仅仅能够查看某个账户或广告组的数据。具体权限如表 12-2 所示。

表 12-2　用户角色与权限

	Admin	Group Manager	Read & Write	Read Only
View reporting	√	√	√	√
Manage all campaigns	√	√		
Manage certain campaigns	√		√	
Access account settings	√			
Manage users	√			
Manage billing	√			
Manage API certificates	√			

第 13 章

苹果搜索广告优化的基础玩法

苹果搜索广告投放系统操作相对复杂、设置参数众多，开发者只有详细了解相关规则、术语，才能有效地优化苹果搜索广告。本章内容将介绍如何完整地为 App 创建广告计划。通过本章的学习，开发者将能够利用苹果搜索广告投放系统基础版和高级版完成广告计划的创建。

 13.1 如何创建广告计划

苹果搜索广告投放系统分为"基础版"（Basic）和"高级版"（Advanced）两种，分别如图 13-1 和图 13-2 所示。从创建广告计划方面来说，基础版极为简便，可控条件很少，而高级版的操作要复杂得多，需要设置的参数更多。

图 13-1 苹果搜索广告投放系统基础版

图 13-2　苹果搜索广告投放系统高级版

13.1.1　基础版广告计划的创建

苹果搜索广告投放系统基础版只能设置投放 App、每月预算与 CPI 出价三个参数，同样后续可查看的广告数据也很少，只有下载（安装）量、平均 CPI 价格和总花费三组数据。

在创建广告计划前需要准备好与 App Store Connect 账户关联的 Apple ID，并且至少有一个 App 在目前开放苹果搜索广告地区的 App Store 上线。只需几个简单的步骤即可开始创建广告计划：

1）登录苹果搜索广告系统，在页面右上角"Sign in"选项下选择"Basic"（基础版），如图 13-3 所示，之后进入如图 13-4 所示的基础版设置页面。

图 13-3　登录账号后，选择"Basic"版

2）在设置页面中，设置投放广告的四项选项：

● 从 "Choose an app" 菜单中选择需要投放广告的 App（需要注意的是，基础版只能选择与 App Store Connect 账户关联的 App）。

● Select Storefronts，选择广告投放的国家。截止 2018 年 9 月，目前发布 Search Ads 的 13 个国家均可使用 Basic 版本投放系统。

● 在 "Enter your monthly budget" 对话框中设定每月广告投放预算。基础版最高每月预算为每个 App 投放 10000 美元；广告计划在创建后，增加预算将立即生效，减少预算将在下个自然月生效。

● 在 "Enter your max cost-per-install (CPI)" 对话框中设定可接受的 CPI 最高出价。苹果搜索广告系统根据 App 情况以及其他开发者的意愿，在这个对话框下方展示了建议出价。开发者可以选择接受这个数额，或者自行设定。但是，如果设置的金额低于系统给出的建议出价，则可能导致广告展示量减少。

图 13-4　在设置页面设置相关选项

3）设置好以上参数，点击页面右下方 "Continue" 按钮，基础版的广告计划就创建好了。

13.1.2　高级版广告计划的创建

苹果搜索广告投放系统高级版可设定的参数较多，包括总预算、每日预算、设备、广告排期、默认最大 CPT 单价、目标 CPA、用户类型等参数。同时，在创建广告计划的同时必须添加一个关键词组。

登录苹果搜索广告系统，并选择如图 13-3 所示的页面右上角 "Sign in" 选项下的 "Advance"（高级版）。进入高级版广告计划设置页面后，开发者可以先创建新的广告组或直接创建广告计划。

1. 创建广告组

广告组（Campaign Groups）是通过广告组页面右上角的广告组下拉菜单创建和管理的。创建广告组需要以下步骤：

1）单击屏幕顶部左侧广告组名称旁边代表 "更多" 的蓝色箭头，在弹出的命令菜单中点击 "Create Campaign Group" 按钮，如图 13-5 所示。

图 13-5　广告组页面

2）在弹出的 "Create Campaign Group" 对话框中输入新的广告组名称，并选择是否链接到 App Store Connect 账户，如图 13-6 所示。

图 13-6　创建 Campaign Group

3）单击"Create"按钮完成创建，此时在主界面将会在显示"Saving"后，跳转至新创建的广告组页面，如图 13-7 所示。

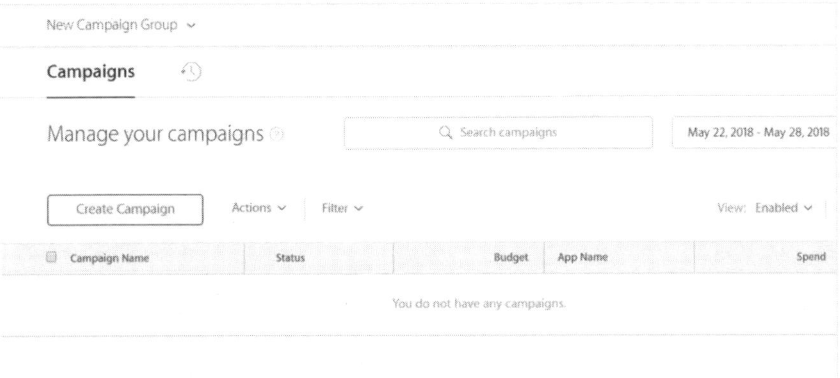

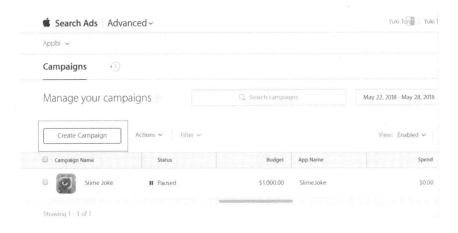

图 13-7　New Campaign Group 页面

2. 创建广告计划

苹果搜索广告投放系统高级版可以根据开发者需要创建多个广告计划，广告计划包含关键词组和关键词。创建广告计划需要以下步骤：

1）在"Campaigns"（广告计划）页面单击"Create Campaign"，如图 13-8 所示。

图 13-8　广告组页面

2）在"Create Campaign"设置页面中，通过下拉菜单选择要投放广告的 App

（App Name）、选择要推广的国家（Storefront）、广告计划名称（Campaign name）、设置总预算（Budget）、每日预算（Daily Cap）等基本信息。如图 13-9 所示。

图 13-9　创建 Campaign

3）填写完以上信息后，单击页面有右下角的"Start Campaign"按钮，广告计划就创建好了。新创建的广告计划默认为"Running"状态，如图 13-10 所示。

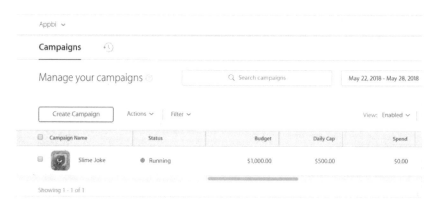

图 13-10　完成创建的 Campaign

在创建过程中，有以下两点需要注意：

● 总预算（Budget），是一个 App 也就是 Campaign（广告计划）设置的预算金额。总预算在广告开启后，只能提高不能降低。

- 每日预算（Daily Cap），当花费达到每日预算上限时，广告就会在当天停止展示，如果 Campaign 仍有剩余预算，则会在第二天重新开始投放。每日预算是选填项，苹果搜索广告系统并不会严格执行每日预算，因此实际花费会高于或低于每日预算。
- 创建广告计划时，至少需要创建一个关键词组。

3. 创建关键词组

在创建广告计划时，苹果搜索广告系统默认要求开发者创建一个关键词组，当然开发者也可以通过广告计划添加关键词组。创建关键词组需要以下步骤：

1）在 Ad Groups（关键词组）页面左上角单击 "Create Ad Group" 按钮，打开关键词组设置界面，如图 13-11 所示。

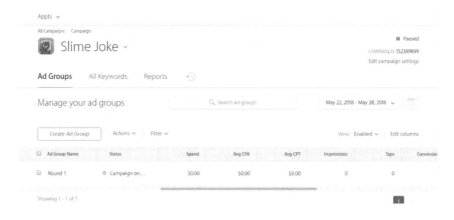

图 13-11　广告计划页面

2）在 "Create Ad Group" 界面需要设置或填写以下信息，如图 13-12 所示。

设置关键词组（Ad Group Settings）包括填写关键词组名称（Ad Group Name）、设备类型（Devices）、广告排期（Ad Scheduling）、默认最大 CPT 出价（Default Max CPT Bid）、目标 CPA（CPA Goal）等，设置这些选项需要注意：

- 设备类型（Devices）可选项为 iPhone、iPad 或 iPhone and iPad。
- 默认最大 CPT 出价（Default Max CPT Bid）该价格是词组中所有关键词的默认出价，也是 Search Match 匹配关键词的出价。

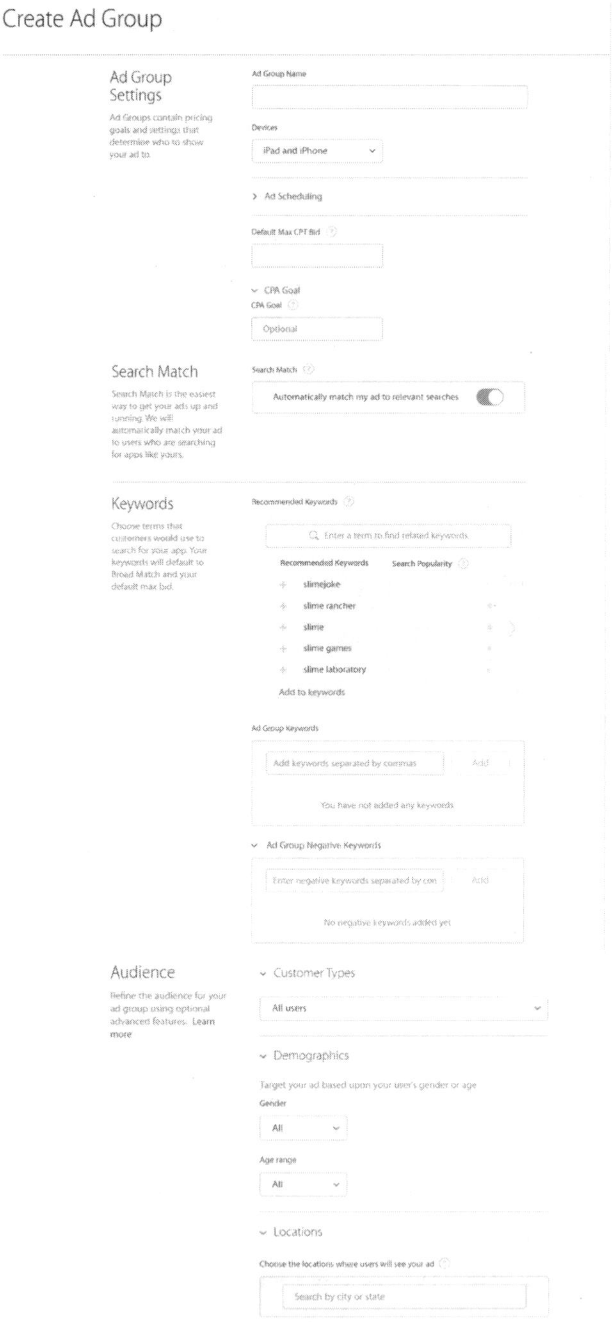
Create Ad Group
Ad Group Settings
Ad Groups contain pricing goals and settings that determine who to show your ad to.
Ad Group Name
Devices
iPad and iPhone
Ad Scheduling
Default Max CPT Bid
CPA Goal
CPA Goal
Optional
Search Match
Search Match is the easiest way to get your ads up and running. We will automatically match your ad to users who are searching for apps like yours.
Search Match
Automatically match my ad to relevant searches
Keywords
Choose terms that customers would use to search for your app. Your keywords will default to Broad Match and your default max bid.
Recommended Keywords
Enter a term to find related keywords
Recommended Keywords
Search Popularity
slimejoke
slime rancher
slime
slime games
slime laboratory
Add to keywords
Ad Group Keywords
Add keywords separated by commas
Add
You have not added any keywords
Ad Group Negative Keywords
Enter negative keywords separated by con
Add
No negative keywords added yet
Audience
Define the audience for your ad group using optional advanced features. Learn more
Customer Types
All users
Demographics
Target your ad based upon your user's gender or age
Gender
All
Age range
All
Locations
Choose the locations where users will see your ad
Search by city or state

图 13-12　创建关键词组填写信息

- 目标 CPA（CPA Goal），是开发者期望的每个获取量（Cost-Per-Acquisition）的价格。目标 CPA 是选填项。目标 CPA 苹果系统同样不会严格执行，甚至有时候实际 CPA 会大大高于目标 CPA。

选择是否搜索匹配（Search Match），是指苹果系统自动为广告匹配搜索词的行为。详见本章第 4 节介绍。

添加关键词（Keywords），苹果搜索广告系统根据 App 属性推荐最多 50 个关键词（Recommended Keywords），开发者可以将这些关键词添加至关键词组中，也可以手动输入其他关键词，还可以为关键词组添加屏蔽词（Ad Group Negative Keywords）。

选择受众（Audience），包括受众类型（Customer Type）、人口统计（Demographics）、和地区（Locations）。设置这些选项时需要注意：

- 受众类型（Customer Types），包括四个选项，所有用户（All User）、新用户（New users，未下载过该款 App 的用户）、重新下载的用户（Returning users）、下载过同开发者 App 的用户（Users of my other apps）。

- 人口统计（Demographics）可设置目标用户的性别（Gender）年龄（Age Range）。性别（Gender），可选 male、famale 或 all。苹果搜索广告不会向 13 岁及以下的人群展示广告，年龄最低可选 18 岁，最高为 65+。

设置广告素材集（Creative Set），如图 13-13 所示。开发者可从 App 的元数据中选择最多 10 个截图和 3 个视频预览作为苹果搜索广告的展示素材。广告素材集为选填项，如果没有设定该选项，苹果搜索广告将会以 App 产品页面最前 3 张截图和视频预览作为广告的展示素材。广告素材集一旦保存后无法更改，但可以在关键词组页面暂停或重新创建。

图 13-13　创建广告素材集

- 选择截图和 App 视频预览（Asset Selection），每个 iPhone/iPad 显示屏尺寸，

需要至少选择 1 张横向截图或 3 张纵向截图。如果选择 4 张以上的视频或截图——ABCD，苹果搜索广告将会以 App Store 中上传的顺序随机展示，可能的广告将为 ABC，ABD，ACD，BCD 的组合，但 CBA 不是有效的组合。

设置好以上信息后，单击"Start"按钮，关键词组便创建好了。

4. 添加关键词

开发者在创建关键词组时可以选择添加关键词，也可以在创建好关键词组后在 Ad Groups 页面添加或修改关键词。添加关键词需要以下步骤：

1）在"Manage your keywords"页面中单击"Add Keywords"按钮，打开"Add Keywords"对话框，如图 13-14 所示。

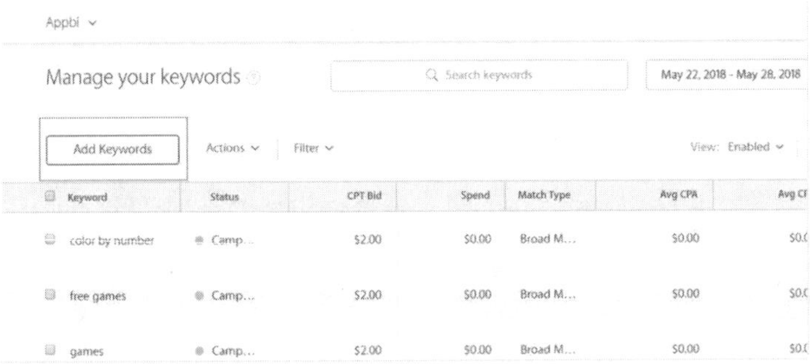

图 13-14　Keywords 页面

2）在"Add Keywords"对话框中，选择添加页面左侧系统推荐关键词或通过右侧文本框添加特定关键词如图 13-15 所示。

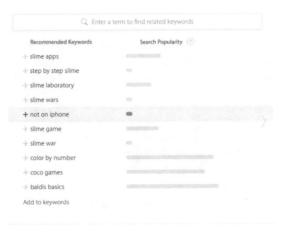

图 13-15　通过文本框添加关键词或添加推荐关键词

3）针对每一个关键词选择其匹配模式（Broad Match 或 Exact Match）、调整关键词出价，如图 13-16 所示。

图 13-16　选择匹配模式

4）完成关键词添加后，单击页面右下角的"Save"按钮，将跳转至 Ad Groups 页面。

5. 批量上传关键词

苹果搜索广告系统支持关键词"一键上传"功能，具体操作方式为：

1）在 keywords（关键词）页面选择 Action 选项，在弹出的命令菜单中单击"Upload Keywords"命令，如图 13-17 所示。

图 13-17　关键词页面单击"Upload Keywords"按钮

2）在之后弹出的上传关键词（Upload keywords）对话框中，可单击"下载模板"（Download a template）下载关键词 CSV 模板（如图 13-18 所示）。

图 13-18　下载关键词 CSV 模板

下载并打开电子表格后，需在表格中填写以下信息，如表 13-1 所示：

表 13-1　关键词 CSV 模板

Action	Keyword ID	Keyword	Match Type	Status	Bid	Campaign ID	Ad Group ID
CREATE		YOUR_KW_1	BROAD	ACTIVE	10	1111111	1211211
CREATE		YOUR_KW_2	EXACT	PAUSED	7.5	1111111	1211211
UPDATE	1221112	YOUR_KW_3	BROAD	ACTIVE	5.5	1111111	1211211

- Action（行为）：如果添加一个新的关键词，在这里输入"CREATE"，如果正在更新现有的关键词，则输入"UPDATE"。
- Keyword ID（关键词 ID）：在更新关键词时，需要在 Keyword ID 栏中添加可在关键词组中找到的 Keyword ID。Keyword ID 只针对更新关键词，如果要添加新的关键词，该项保留空白即可。
- Keyword（关键词）：输入要添加或更新的关键词。
- Match Type（匹配类型）：选择关键词的匹配类型，BROAD 或 EXACT 匹配。
- Status（状态）：选择关键词状态 ACTIVE 或 PAUSED。
- Bid（出价）：输入每个关键词最高每次点击费用（CPT）出价金额。
- Campaign ID（广告计划 ID）：从"Campaign"右上角的"修改广告计划设

置"中查找对应 Campaign ID。

- Ad Group ID（关键词组 ID）：可以在关键词组视图右上角查找对应 Ad Group ID。

3）填写好以上信息后，点击"Choose a CSV file"上传表格即可。

每个关键词组最多可以添加 1000 个关键词。也就是说关键词模板中批量上传最多 1000 行。以上信息全部填写完之后，单击"Choose a CSV file"上传表格即可。

13.2 如何选择关键词

苹果搜索广告投放中的操作大致可分为两点——"选词"和"调价"，其中，关键词选择是苹果搜索广告优化的基础。只有选择有效的关键词，App 才有资格参与竞价，才能够以较低的价格获取展示。

13.2.1 关键词来源

1. 系统推荐关键词

苹果搜索广告系统根据 App 的类型及元数据，为每一款 App 推荐 50 个或 50 个以下的关键词，在创建关键词组的时候可以查看、添加这些关键词。当前，苹果搜索广告系统还处于初级阶段，推荐关键词不一定完全适用于 App，在添加关键词时，开发者应综合考虑关键词与 App 的相关性、流行度、竞争度等要素。

2. 搜索匹配关键词

搜索匹配是苹果搜索广告根据 App 基本信息匹配的相关词，也就是说开发者即使不添加任何关键词，也能够有广告展示。搜索匹配同样是在创建关键词组时，开启或关闭。在使用搜索匹配的过程中，如发现关键词 CR 转化过低，CPA 成本超出预期，应及时降低出价或添加至屏蔽词组。

3. 自定义关键词

推荐关键词和匹配关键词往往不能达到理想的效果，需要开发者自行添加关键词。添加关键词的方式有两种，一种是在创建关键词组的时候，通过文本框添加关键词。另一种方式是通过 CSV 批量上传关键词，每次最多可以添加 1000 个词汇。

13.2.2 关键词选词要点

苹果搜索广告优化过程中选择关键词，应从 App 与关键词之间的相关性、关键词的流行度和竞争度等多方面综合考虑。接下来，逐一介绍这几个方面。

1. 相关性

（1）想用户所想

考虑用户在查找同类 App 时可能会搜索的关键词，或者说用哪些关键词能够描述 App 功能、特点。例如，一款相机类的 App 有一些独特的滤镜，那么使用 "color editor" "picture editor" "photo editor" 等词汇可能会成功吸引用户下载。

（2）使用行业词和长尾词

使用行业词汇能够吸引更多受众群体，但也可能导致预算较快的消耗完毕。行业词竞争力度大，需要更高的出价金额。例如，一款游戏类 App，可以通过添加 "games" "free games" 等词汇提升广告展示。

选择较为具体的长尾词时，广告可能会针对较为狭窄的相关搜索，这些用户较为垂直，可以帮助提高广告转化率，但如果关键词过于具体，可能会导致广告无法覆盖尽可能的用户。

（3）扩展关键词

在广告展示过程中，如果发现个别关键词 TTR、CR 以及用户后续行为表现极好时，可将与该词相关的关键词添加到列表中。通过 AppBi 的"关键词查询"功能（如图 13-19 所示）可以查询每一个关键词的"联想词"或"相关词"，这类词与所查询关键词相关性高，因而从广告转化上趋于相同。

除此之外，还可以通过 AppBi 的"App 查询"功能复原竞品的投放方案，"查漏补缺"调整投放 App 的关键词。

图 13-19　AppBi 关键词查询

2. 流行度

流行度代表关键词的搜索热度，在苹果搜索广告系统中只有在添加关键词时才能看到代表流行度的灰色条，添加之后就不再显示了。如果想要查询关键词流行度的实时变化，可通过 AppBi "关键词查询" 功能查询任意关键词的流行度指数。

3. 竞争度

竞争度是指关键词的竞争程度。竞争度无法在苹果搜索广告系统中查询，但可通过第三方平台，例如，AppBi 中 "关键词广告搜索" 功能可提供关键词历史竞争度数据，如图 13-20 所示。并且可以查询当前、过去 3 天、过去 7 天的竞品 App 的详情，并支持实时更新。

图 13-20　AppBi 关键词广告搜索

流行度高、竞争度低的关键词往往是苹果搜索广告最需要添加 "白金词汇"的，AppBi 数据分析中 "性价比榜单" 列出了当前性价比最高的 150 个关键词（如图 13-21 所示），可以按照 25 个细分类查找适用于 App 的词汇。

图 13-21　AppBi 关键词性价比排行榜

■ 13.3　如何设置广告出价

设置广告出价是苹果搜索广告优化的关键，广告优化过程中需要设置总预算、每日预算、CPT 出价、目标 CPA 等等和价格相关的数据，合理设置并有效利用这些出价才能够将 CPA 单价控制在合理范围内。

13.3.1　设置预算

1. 总预算（Budget）

总预算为必填项，是一个广告计划在一段时间内要花费的金额。当广告计划的花费达到总预算时，广告展示将会被停止。因此，设置合理的总预算是控制投放花费的重要手段。

在设置广告计划总预算时，应注意下面几点：

1）总预算的设置范围是 0.01 美元到 20,000,000 美元。

2）创建广告计划之后，总预算可以修改，但是只能增加，不能减少。建议创建广告计划之初，总预算不宜设置过高。可以根据投放效果后期追加。

2. 每日预算（Daily Cap）

除了广告计划的总预算，还可以设置广告计划的每日预算，限制每天的花费。当某天花费接近或超过每日预算时，广告计划会自动停止投放，第二天会自动再次开启。

需要注意的是，每日预算苹果并不会严格的遵守，即使设置了每日预算，某天的花费仍然有可能略超出或少于每日预算。

在设置每日预算时，应注意以下几点：

1）每日预算的设置范围是 0.01 美元到总预算。

2）苹果不会严格执行每日预算。

13.3.2　设置出价

1. 默认最大 CPT 出价（Default Max CPT Bid）

默认最大 CPT 出价是必填项。这个出价主要在两个方面起作用：当向关键词组添加关键词时，所有词的默认出价都是默认最大 CPT 出价；当关键词组启用 Search Match 时，苹果自动匹配关键词的出价将采用默认最大 CPT 出价。

计算默认最大 CPT 出价时，可参考目标 CPA 和 App 下载转化率。例如：开发者期望的每个 CPA 成本为 2.5 美元，而 App 的下载转化率为 40%左右，那么每次点击费用为 2.5 美元的 40%，也就是 1 美元。因此，可将默认最大 CPT 出价设定为 1 美元。

设置默认最大 CPT 时，应注意以下几点：

1）最小取值是 0.01 美元，最大取值不能超过 1000 美元、每日预算和总预算。

2）关键词的默认出价为该出价。

3）搜索匹配中关键词的出价为该出价。

2. 关键词出价（CPT Bid）

每一个添加的关键词的出价都是可以自定义的，在添加关键词时可以修改默认最大 CPT 出价，也可以在投放过程中随时提升或降低关键的点击出价。

13.3.3　目标 CPA（CPA Goal）

目标 CPA 是选填项，用来控制广告计划投放的平均 CPA。在设置目标 CPA 时，可参考 App 在其他渠道投放的 CPA 成本。虽然苹果搜索广告系统不会严格的遵守这个价格，最终投放的结果可能会超出或低于设置的目标 CPA，但填写这一出价能够在一定范围内控制 CPA 成本。例如，目标 CPA 为 2.5 元，最终投放结果可能是 3 美元左右。目标 CPA 设置过低，可能会导致展示量偏少。设置目标 CPA 时需要注意一下几点：

1）设置范围是 0.01 美元到总预算（可以超过每日预算）。

2）目标 CPA 设置过低，可能会导致展示量低。

13.4　关键词的匹配方式

在苹果搜索广告中，关键词匹配方式分为两类，一类是搜索匹配，是苹果搜索广告系统自动为广告匹配关键词；另一类是匹配类型，是苹果搜索广告系统针对关键词组中添加的关键词设置的匹配选项（不包含搜索匹配的关键词），这两种匹配方式设置能够帮助开发者控制目标用户的范围，便于广告精细化运营。

13.4.1 搜索匹配（Search Match）

搜索匹配是系统为广告自动匹配搜索词。搜索匹配是一项默认功能，开发者不必找出所有可投放的关键词，甚至无须添加任何关键词，就可以在几分钟内轻松启动并投放广告。搜索匹配使用多种资源将广告与 App Store 上的相关搜索进行匹配，其中包括 App 在 App Store 列表中的元数据，相同分类中类似 App 的相关信息以及其他搜索数据。苹果搜索广告在展示时优先考虑相关性，因此开发者要更加注重 App 名称、副标题、描述以及关键词等文本元数据的优化。

搜索匹配只针对关键词组，在创建词组时可选择开启或关闭搜索匹配，如图 13-22 所示。在创建完成后，也可以在 "Edit ad group settings" 选项中修改选项。搜索匹配 CPT 出价依据为默认最高 CPT 单价。

图 13-22　设置搜索匹配

App 与关键词之间的相关性是动态、实时更新的，苹果搜索广告系统无法实时确定双方之间的关联度，因此会通过映射的方式将部分关键词匹配给不同的 App，通过一段时间的统计，为开发者及苹果搜索广告系统本身量化提供依据。

13.4.2 匹配类型

匹配类型是苹果搜索广告中针对添加的具体关键词设置的选项，可在添加关键词时选择匹配类型，如图 13-23 所示，匹配类型可以帮助开发者控制关键词与用户搜索词之间的匹配情况，关键词匹配类型有两种——精准匹配和广泛匹配。

图 13-23　选择匹配类型

1. 精准匹配

精准匹配包含四种匹配方式，即原型、单复数、各种形态、拼写错误，也就是说开发者无须单独添加这几种形态的关键词。精准匹配能够最大限度控制可能展示广告的搜索内容，造成广告展示量降低，但点击率（TTR）和转化率（CR）可能会提高。在关键词中，添加有双括号的[keyword]的关键词采用的是精准匹配。

2. 广泛匹配

广泛匹配包含的匹配方式更多，除了上述四种外还有乱序、部分包含、完整包含、近义词、相关词等。广泛匹配是苹果搜索广告的默认匹配类型，这种匹配方式有助于广告匹配到精准匹配中未包含的相关搜索，从而获取更多的展示量级。

以关键词"photo edit free"为例，如图 13-24 所示是两种匹配类型的差别。

广泛匹配 Broad Match	类型	搜索词	精准匹配Exact Match
√	原型 Words in order	photo edit free	√
√	单（复）数 Singular and plural	photos edit free	√
√	各种形态 Variants	photo editor free	√
√	拼写错误 Misspelling	phote edit free	√
√	乱序 Not in order	edit photo free	
√	部分包含 Partial Words	photo edit free	
√	完整包含 Other words	photo edit collage free	
√	近义词 Synonyms	picture edit	
√	相关词 Related	picture edit text	

图 13-24　广泛匹配和精准匹配示例

通过"Search Terms"（搜索词）选项可以查看展示广告时用户的搜索词（如图 13-25 所示），"Match Source"（匹配来源）一栏可以查询到广告展示是来自于"Search Match"（搜索匹配）还是"Keywords"（关键词匹配类型）。"Low volume"代表搜索数据低于苹果的隐私阈值，因而不会展示具体的搜索词。

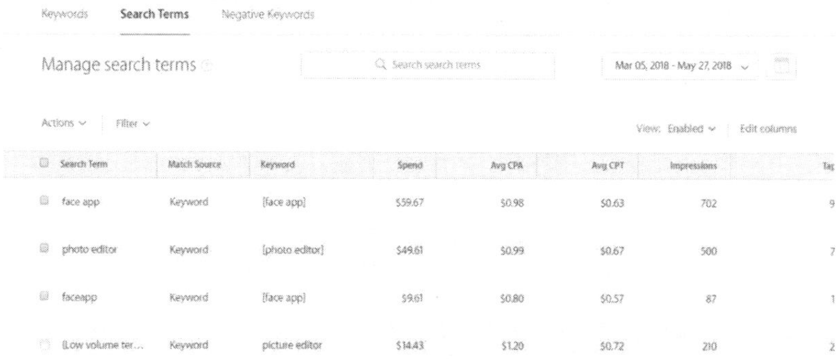

图 13-25　Search Terms 页面

搜索词可能造成 CPA 价格过高，通过降低该关键词出价，或将搜索词添加至屏蔽词列表的方式降低实际 CPT 价格。对于表现优秀的搜索词，应将其添加至关键词列表中，给予更多展示机会。

3. 屏蔽词（Negative Keywords）的匹配类型

在屏蔽关键词时也分为广泛匹配和精准匹配。

（1）广泛匹配

广泛匹配包含原型、乱序和完整包含三种类型，也就是当用户搜索包含所有字词的关键词时广告才会被屏蔽。如果用户使用同义词或近似变体，则广告仍会显示。

（2）精准匹配

精准匹配可以确保用户通过某个确切的字词或短语搜索时，广告不会被展示。不包括常见的拼写错误和复数形式。

以"photo edit free"为例，如图 13-26 所示是两种匹配类型的差别。

广泛匹配 Broad Match	类型	搜索词	精准匹配 Exact Match
√	原型 Words in order	photo edit free	√
√	乱序 Not in order	edit photo free	
√	完整包含 Other words	photo edit collage free	

图 13-26　屏蔽词的匹配方式

例如，一款高级拼图游戏 App，选择添加了关键词"puzzles"并使用广泛匹配，这种匹配方式可能会导致广告在"kids puzzles"关键词下展示。但出于用户群体的考虑，需要将"kids puzzles"屏蔽，这时可采用屏蔽词匹配方式中的"精准匹配"。由于采用"精准匹配"，当用户搜索关键词"kids puzzles app"时广告就不会展示，从而避免将费用花在非目标受众上。

13.5　添加屏蔽词

开发者在投放苹果搜索广告时，将过多的精力投入到 App 元数据优化以及"关键词"的选取与匹配等，却容易忽略苹果搜索广告中对成本控制、广告效果也极具影响力的因素：屏蔽词（也被称为"消极关键词""否定关键词"或"负面关键词"）。

设置屏蔽词，表面上看似就是把一些不会参与竞价投放的词语放到"屏蔽词"

列表中，而实质上，真的只是"打入冷宫"这么简单吗？

其实不然，将某些关键词"打入冷宫"屏蔽掉只是表面现象，要想实现良好的广告投放效果，开发者还需要深入了解屏蔽词的内涵意义、设置屏蔽词的原因以及如何有技巧地选择合适的词语作为屏蔽词。

1. 屏蔽词的概念

所谓屏蔽词，是与竞价投放的关键词相对应的一组词，是总关键词列表的核心组成部分。为关键词组或广告计划添加某个屏蔽词，就意味着该广告不会针对包含该词的搜索查询进行展示。

苹果搜索广告（Search ads）的形式与 Facebook、Twitter、Google 等的移动广告类似，是通过关键词竞价的方式投放广告。如果使用某些搜索关键词进行搜索的用户不是 App 的潜在用户，那么就可以通过添加屏蔽词的方式，让包含这些词的搜索词不触发广告展示结果，这样非潜在用户也就不会看到并点击广告，节省每次点击费用（CPT）。

每个关键词组最多可以包含 2000 个屏蔽词，可通过表格同时批量上传。此外，开发者可以选择广泛匹配否定关键词，如果想缩小限制范围，也可以添加完全匹配（精准匹配）。这样，与这些词完全一致的搜索词则不会触发推广结果。

2. 添加屏蔽词的作用

屏蔽词应与竞价关键词密切相关，与此同时，它们还应指出用户的搜索词是 App 不提供的内容。

例如，以下情况下，屏蔽词是适当的：

1）希望对不适用于 App 的搜索查询不展示 App 广告。因此，如果一款 App 是关于女性健身的，将"男性健身"添加为屏蔽词，则表示广告不会对与"男性健身"相关的任何搜索进行展示。

2）广告计划或关键词组效果数据显示某个关键词不会为 App 带来转化。那么，可以考虑将该关键词添加至"屏蔽词"中。

通过添加屏蔽词，可以滤除不必要的展示次数，屏蔽词可以帮助开发者定位 App 的目标受众，吸引最合适的潜在用户，同时降低每次点击费用（CPT），提高转化率和投资回报率。

3. 添加屏蔽词的方法

屏蔽词可以在创建广告计划和关键词组时添加，也可以在创建好广告计划和关键词组后添加，具体添加方式为：

1）在 Negative keywords（屏蔽词）页面，单击"Add Negative Keywords"按钮，打开"Add Negative Keywords"对话框，如图 13-27 所示。

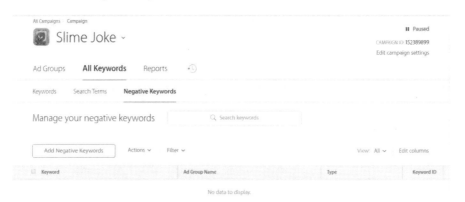

图 13-27 Negative Keywords 页面

2）页面跳转至"Add Negative Keywords"对话框后，选择将屏蔽词添加至"Campaign"还是"Ad Group"中，通过下方文本框输入并添加屏蔽词列表，并选择匹配类型，如图 13-28 所示。

图 13-28 Add Negative Keywords 页面

3）添加完成后，单击页面右下方的"Save"按钮，返回至"Negative keywords"页面，如图 13-29 所示。

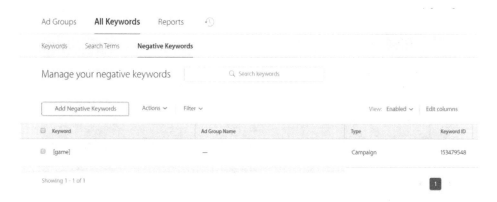

图 13-29　添加完成屏蔽词

开发者还可以通过上传电子表格添加屏蔽词，具体操作方式如下：

1）在 Negative keywords（屏蔽词）页面选择 Actions 选项，在弹出的命令菜单中单击"Upload Keywords"命令。如图 13-30 所示。

图 13-30　Manage your negative keywords 页面

2）在之后弹出的上传关键词（Upload negative keywords）对话框中，如图 13-31 所示，可单击"下载模板"（Download a template）下载关键词 CSV 模板。

图 13-31　Upload negative keywords

3）下载并打开电子表格后，需在表格中填写以下信息，如表 13-2 所示。

表 13-2　屏蔽词 CSV 模板

Action	Keyword ID	Negative Keyword	Match Type	Campaign ID	Ad Group ID
CREATE		YOUR_KW_1	BROAD	1111111	1211211
CREATE		YOUR_KW_2	EXACT	1111111	
DELETE	1221112	YOUR_KW_3	BROAD	1111111	1211211
DELETE	1221115	YOUR_KW_4	EXACT	1111111	

- Action（行为）：如果添加一个新的屏蔽词，在这里输入"CREATE"，如果正在删除现有的屏蔽词，则输入"DELETE"。
- Keyword ID（关键词 ID）：在删除屏蔽词时，需要在 Keyword ID 栏中添加可在屏蔽词组中找到的 Keyword ID。Keyword ID 只针对删除屏蔽词，如果要添加新的屏蔽词，该项保留空白即可。
- Negative Keywords 屏蔽词：输入要添加或删除的屏蔽词。
- Match Type（匹配类型）：选择屏蔽词的匹配类型，BROAD 广泛匹配或 EXACT 精确匹配。
- Campaign ID（广告计划 ID）：从"Campaign"右上角的"修改广告计划设置"中查找对应 Campaign ID 并输入。
- Ad Group ID（关键词组 ID）：可以在关键词组视图右上角的"修改关键词组设置"上查找对应 Ad Group ID 并输入。如果是针对 Campaign 添加的屏蔽词，该项保留空白即可。

　　填写好以上信息后，单击"Choose a CSV file"上传表格即可。

　　对于屏蔽词，每个关键词组最多可以添加 2000 个（屏蔽）词，但使用批量上传同样一次最多可以上传 1000 行。

　　广告计划开始投放后，如果需要添加或删除屏蔽词，可以随时在"Manage your negative keywords"（屏蔽词管理）标签页中进行更改。

　　除此之外，在添加屏蔽词时，还应注意以下几点：

　　1）过度使用、不当使用屏蔽词也许会适得其反，导致丧失广告展示机会，错失潜在的用户，影响转化率和推广效果。

　　2）不要添加太长的屏蔽词，否则可能达不到"屏蔽"的效果。

　　3）添加英文屏蔽词时，注意单复数都需要添加。

13.6　查看数据报表

　　监测苹果搜索广告投放效果是广告优化重要的步骤。在开启广告一段时间后，开发者可以通过"Campaigns"广告计划（如图 13-32 所示）、"Ad groups"关键词组（如图 13-33 所示）、"keywords"关键词（如图 13-34 所示）、"Creative Sets"（广告素材集，如图 13-35 所示）等不同维度查看数据报表，了解苹果搜索广告投放的实际效果。并可以在 Campaigns 页面中的 Report 中按照日期、关键词组或关键词查看图表。如图 13-36 所示。

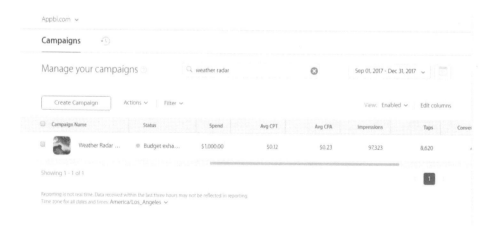

图 13-32　Campaigns 广告计划数据报表

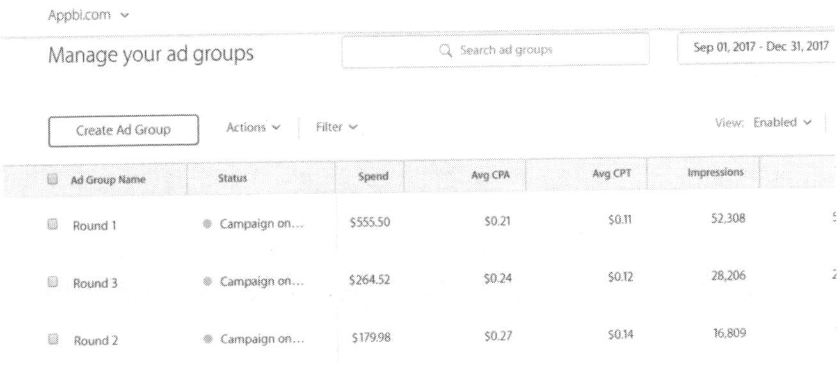

图 13-33　Ad Groups 关键词组数据报表

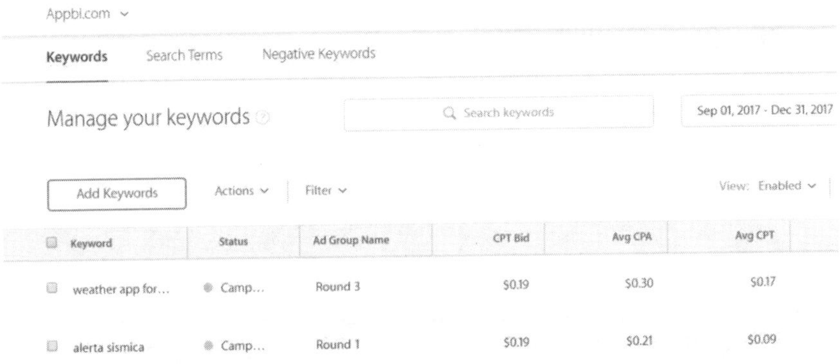

图 13-34　Keywords 关键词数据报表

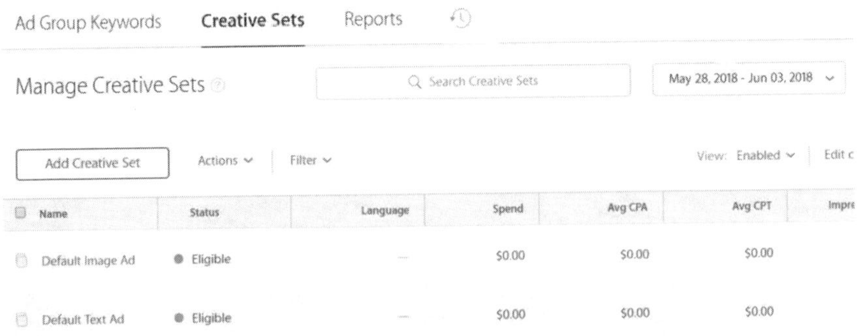

图 13-35　Creative Sets 维度数据报表

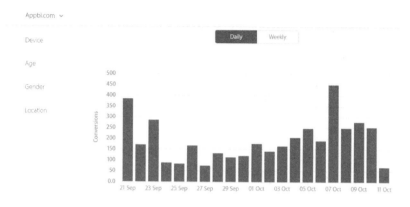

图 13-36　Reports 数据报告

通过各维度的数据报表及广告计划中的"Report"数据报告查看以下数据：

1）Spend。花费，广告在一段时间内的总花费。

2）Impressions。展示量，是指广告在一段时间内出现在 App Store 搜索结果中的次数。

3）Taps。点击量，一段时间内用户点击广告的次数。

4）Conversions。获取（安装）量，也可理解为下载量。是指一段时间内用户通过广告下载或重新下载 App 的总次数。苹果搜索广告的下载归因于 30 天内的点击。

苹果搜索广告提供透明的数据，因此获取量包括限制广告跟踪（LAT）开启或关闭的设备的安装总数和首次下载（New Downloads）或重新下载（Redownloads）的安装总数：

- LAT 是指 Limit Ad Tracking 限制广告追踪，开启 LAT 的设备将不会接收到广告或对其活动进行跟踪。LAT On 安装量来自已启用 LAT 的用户。LAT Off 安装量来自未在其设备上启用 LAT 的用户的安装。

- 首次下载是指首次下载该款 App 的新用户。重新下载是指当用户下载某款 App 后，删除该 App 并在 App Store 上点击苹果搜索广告后再次下载同一 App，或将该 App 下载到其他设备时所产生的下载量。

即使开发者在创建关键词组时将受众类型设置为"新用户"，仍然有可能看到一些重新下载的用户，原因如下：

用户可能启用了限制广告跟踪（LAT），阻止苹果搜索广告将其标识为已下载过该 App 的用户；苹果搜索广告不会收集年龄在 18 岁以下用户的数据，年龄在 13 至 18 岁之间的 App Store 用户仍可以看到之前下载过的 App 的广告；第一次为某个

App 选择"新用户"受众类型时，苹果搜索广告最多可能需要 7 天时间才能确保以前下载过该 App 的用户不会看到广告，在此期间，可能会有部分下载量来自于重新下载；最近下载该 App 的用户可能还没有来得及被苹果搜索广告识别为下载用户，并再次向该用户展示广告。

5）Avg CPT（Average Cost Per Tap）。平均每次点击成本，是总支出除以一段时间内广告点击次数。

6）Avg CPA（Average Cost Per Acquire）。平均获得成本，是总支出除以一段时间内通过广告下载 App 的次数。

7）TTR（Tap-through Rate）。点击转化率，是一段时间内用户点击次数除以广告展示次数。

8）CR（Conversion Rate）。下载转化，是一段时间内通过广告下载 App 的次数除以广告点击量。

以上数据反映出了苹果搜索广告的投放效果，也是开发者调整关键词及出价的重要依据。据苹果官方统计，自 2016 年秋季推出苹果搜索广告以来，50%以上的用户在 App Store 搜索结果中看到 App 广告后会下载该 App，也就是说 CR 高达 50%以上。可见，苹果搜索广告的转化率处于较高水平，同时成本也较低。官方统计表示，平均每下载一个 App 只需花费 1 美元成本。

根据 AppBi 数据统计，如图 13-37 所示，苹果搜索广告 TTR 平均水平为 10%～20%之间，CR 平均水平为 40%～60%之间。开发者在实际投放过程中可将以上数据作为参考标准。

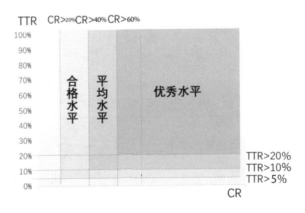

图 13-37　TTR 与 CR 统计数据

第 14 章

苹果搜索广告优化的高阶玩法

通过上一章的介绍，开发者已经能够独立创建广告、优化数据、分析效果了。除了这些"基础玩法"外，苹果搜索广告官方平台还为开发者提供了更多的数据支持，这些数据便于开发者高效管理广告计划，深入追踪用户数据。本章内容主要介绍使用苹果搜索广告归因和广告计划管理 API 以及苹果搜索广告优化与 ASO 的结合等高阶玩法。

 14.1 什么是苹果搜索广告归因

14.1.1 苹果搜索广告归因概述

归因（Attribution Analysis），从字面理解就是对广告结果找出归属原因，本质上归因就是一套数据统计系统，通过数据追踪将用户下载（安装）或其他行为归因于不同的渠道（平台）的统计方式。每个广告形式都有其不同的归因系统，第三方数据统计平台也有自己独立的归因系统，本书重点介绍苹果搜索广告归因系统。

苹果搜索广告归因系统是通过其自有的 API 实现跟踪来自苹果搜索广告用户的下载行为，并且通过其 API 发送到开发者指定的服务器地址。也就是说，开发者使用苹果归因 API 可以追踪哪些用户来源于苹果搜索广告，并且可以对其进行用户质量的分析。

在广告转化路径上，用户可能会执行多次搜索，与同一款 App 的多个广告进行互动。利用归因数据模型，可以为促成下载的每次点击分配"功劳"，可以将下载归因于用户的首次点击、最终点击或者一组点击。

大多数开发者采用"最终点击"数据模型来衡量其在线广告是否成功。也就是说，他们将转化功劳全部归于用户最终点击的广告和相应的关键词。但事实上，这种方法没有考虑到用户在转化路径上执行的其他点击操作。

苹果搜索广告的归因适用于 iOS 10 或更高版本的用户。如果这些用户点击了某条苹果搜索广告，并在 30 天内下载了该 App，换句话说，如果用户点击了一个 App 的广告，在接下来的 30 天中，只要下载了该 App，苹果都将此次下载行为归因于该广告。

通过苹果搜索广告归因，开发者可以跟踪和归因源自苹果搜索广告的下载，准确地衡量新获得的用户的生命周期以及广告活动的有效性。

14.1.2　苹果搜索广告归因的数据统计

1. 数据统计方式

对于开发者来说，监控广告的投放结果是实现业务目标的重要步骤。开发者可以通过很多方式监控、跟踪广告的效果。

苹果搜索广告的数据直接来自 App Store，在苹果搜索广告平台数据报表和 Reports 中显示了多项归因数据，如将用户下载归因于某一个关键词。开发者也可以接入苹果的归因 API 来获取更多数据，或者加入移动数据统计平台。

移动数据统计平台与各种推广渠道相辅相成，可以统计 App 安装量、查询安装来源和跟踪安装后用户行为。许多移动数据统计平台将苹果的 API 接入他们的解决方案以提供全面的推广渠道，帮助开发者更高效地优化广告活动。

2. 与统计平台的区别

每个移动数据统计平台在管理数据时与苹果搜索广告都略有不同，以下几点可以帮助更好地理解多种渠道下的数据指标。

（1）数据来源

当一款 App 被用户验证下载（安装），苹果搜索广告便将其定义为一个安装量（Conversions）；而只有当用户打开 App 时，移动数据统计平台才将其定义为一个转化量。

（2）限制广告追踪（LAT）安装

苹果搜索广告展示的报告中不但有来自非限制广告跟踪（LAT Off）用户的综合数据，而且还包括限制广告跟踪（LAT On）用户的安装数据。但是根据 iOS 隐私政策，苹果搜索广告不会通过 API 提供此类转化数据，因而移动数据统计平台无法统计到开启限制广告追踪的设备。

（3）重新下载

如果用户曾经下载过某款 App，然后将其卸载后，又重新点击搜索广告、安装，苹果搜索广告会统计这部分的数量；而移动数据统计平台可能将此类（卸载后重新下载）数据统计为重新启动或重新打开 App 的数量。

（4）归因周期

苹果搜索广告归因周期（从点击广告到下载 App 的有效时长）为 30 天；而移动数据统计平台的默认点击打开 App 的时间为 7～28 天（不同平台略有区别）。

通过以上对苹果搜索广告归因问题由浅到深的描述，是否解开了关于"归因"的谜团呢？其实归因问题看似深奥，但只要了解苹果对于归因问题的说明并结合实际案例来理解，它并不像想象中那么高深莫测。

14.2　如何使用苹果搜索广告归因 API

苹果搜索广告归因 API（The Search Ads Attribution API）是苹果官方提供的用于追踪及归类源于广告下载行为的接口。通过该 API 提供的信息，开发者可以轻松准确地统计新增用户的生命周期，评估广告计划的投放效果。开发者只需要在 App 程序中添加几行代码，便可获取以下数据：

- 评估每一个广告计划的有效性。
- 随时追踪，归类通过广告计划产生的 App 下载。
- 获取用户点击下载时详细的广告计划信息，如广告计划名称、ID；广告组名称、ID；关键词点击时间等。

1. API 调用要求

API 调用包括以下要求。

- 仅适用于在开放 Search Ads 国家上线的 App。

- 仅适用于 Xcode 8.0 及以上，iOS 10.0 及以上的设备。
- 在代码中添加该 API。
- 用户点击了广告并在 30 日内使用同一设备下载或重新下载了该款 App。

2. API 如何实现

API 的实现方法如下。

1）添加 iAd framework 到代码中。Xcode->target->Build Phases->Link Binary With Libraries-> iAd.framework。

2）在需要添加代码的文件中导入 iAd headers。

```
#import <iAd/iAd.h>
添加归因 API 代码，获取回调信息
if ([[ADClientsharedClient] respondsToSelector:@selector(requestAttributionDetailsWithBlock:)]) {
        [[ADClient sharedClient]
        requestAttributionDetailsWithBlock:^ (NSDictionary* attributionDetails, NSError *error) {
        /*  获取到 API 信息后要执行的操作  */
        attributionDetails);
        }];
```

3. 错误处理

收到 API 的回调信息后，如果 error 不为空，它的值可能为 ADClientError Unknown 或 ADClientErrorLimitAdTracking。如果是 ADClientErrorUnknown，需要过几秒钟重新请求一次；如果是 ADClientErrorLimitAdTracking，说明用户开启了限制广告追踪，将不会返回该用户的数据。

4. 上传数据到服务器

如果回调的信息中 error 为空，字典对象 attributionDetails 包含了返回的所有信息，并且此信息不会发生改变，所以在一次请求成功后就不需要再次去请求。

API 回调信息：

```
    {
    "Version3.1" = {
```

```
"iad-attribution" = true;                    //用户点击广告后在 30 日内下载为 ture
"iad-org-name" = "Light Right";              //广告组名称
"iad-campaign-id" = 15292426;                //广告计划 ID
"iad-campaign-name" = "Light Bright Launch"; //广告计划名称
"iad-conversion-date" = "2016-10-14T17:18:07Z"; // 用户下载 App 的时间
"iad-click-date" = "2016-10-14T17:17:00Z";   //用户点击广告的时间
"iad-adgroup-id" = 15307675;                 //关键词组 ID
"iad-adgroup-name" = "LightRight Launch Group"; // 关键词组名称
"iad-keyword" = "light right";               //关键词
};
}
```

5. 数据统计差异问题

通过归因 API 统计到的获取量和苹果搜索广告 Reports 中的获取量存在一定的差异，主要是由下面的三个原因造成的。

● 用户开启了限制广告追踪

苹果搜索广告的下载归因是以尊重隐私的方式完成的，如果用户在设备上开启了限制广告追踪，归因 API 返回的值为 error，而苹果搜索广告 Reports 可以统计到这部分用户信息。也就是说，归因 API 统计到的数值往往少于苹果搜索广告 Reports。

● 统计方式的差异

苹果搜索广告 Reports 在用户下载 App 时就会统计到，而归因 API 需要用户打开 App，允许后网络才能把信息传回到服务器。

● 数据延迟

大多数用户可能在点击广告后就会直接下载并打开 App，但是这时候苹果的广告系统还没有处理完此次点击，所以归因 API 无法获取到相应的数据，延迟几秒再去请求将会获得更好的效果。

14.3　分析用户数据

分析用户数据是广告投放中重要的一个环节，其主要目的是为了精准地进行广告投放，从而节约投放成本。投放得越精准，App 的转化率就会越高，相对成本就会越低。

开发者可以根据通过对用户数据的查看、分析从而调整精准受众的范围，用户数据可以通过苹果搜索广告后台进行查看。

深入了解广告用户数据，可以访问 Ad Groups 页面的"Report"部分（如图 14-1 所示）。可以按日期查看，并绘制各种指标。

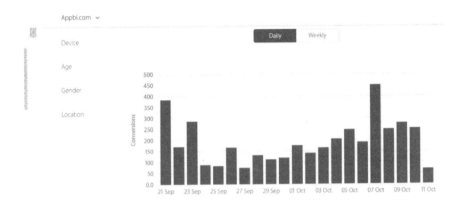

图 14-1 苹果搜索广告数据报表

用户属性的数据可以按照设备、年龄、性别、地理位置分别查询。并且可以按照广告计划查询花费、平均 CPT、平均 CPA、展示、点击、转化等信息，以下是关于这些属性的详解。

1. 设备类型

苹果搜索广告默认情况下会向 App 兼容设备的用户展示广告。开发者还可以选择仅在 iPad 或 iPhone 上展示广告，或者按设备设置不同的出价和受众群体参数。

2. 年龄范围报表

按年龄查看报表时，指标会分成以下预设年龄组：18～24 岁，25～34 岁，35～44 岁，35～54 岁，55～64 岁，65 岁以上。也就是说报表只能按年龄组来展示，比如选择查看 18～38 岁的结果，报表会显示 18～24 岁、25～34 岁和 35～44 岁的展示次数。

3. 地理位置

苹果搜索广告支持位置细分。如果一款 App 只服务于特定地域，此功能可确保不会因为在这些区域之外显示广告而浪费预算。比如：

- 一个外卖 App，只服务旧金山周围地区。
- 一家只在纽约经营业务的公司。

关于如何设置受众属性在第 12.1 节创建关键词组已详细介绍，此处不再重复说明。

了解广告受众属性的构成比例（如图 14-2 所示），会更为有利于我们进行精准的广告投放，高效地提高广告的 RIO，降低平均成本。

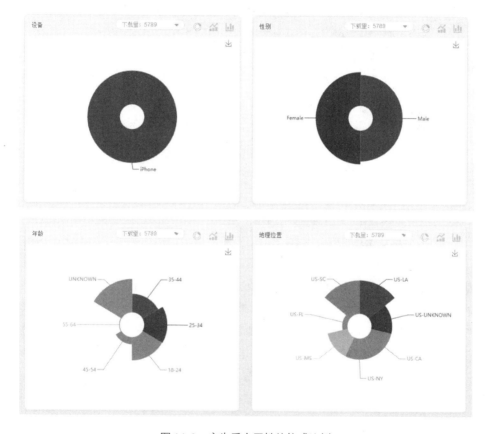

图 14-2　广告受众属性的构成比例

注意：

- 要查看最新的数据，可能有 3 小时的延迟。报表不包含 App 内购买的数据。
- 默认范围为过去七天，且包括当天在内。如果您选择 30 天以上的数据，报表将以周为单位展示。

- 数据报告的时间以注册账号时所选时区为准。要查看广告计划历史对应时区的数据，选择时区下拉菜单中的相应时区。
- 如果未在广告组或广告系列中使用受众群体细分，可能会在报表视图中的年龄、性别或地理位置部分下面显示一个标题为"UNKNOWN（不明）"的类别。这意味着一些看到广告的用户已在其设备上启用了"限制广告跟踪"或停用了位置服务。
- 苹果搜索广告不支持使用第三方跟踪网址变量。但是，如果想要跟踪客户的生命周期价值，可以考虑实施搜索广告归因 API。
- 报表视图中的"低量"（Low Volume），某些报表可能会返回"低量"的值。这意味这些数据低于 Apple 的隐私权阈值。例如，搜索词必须至少达到 10 次展示，否则搜索词报表中会显示"低量"值。年龄、性别或位置报表需要至少 100 次展示，然后广告才能显示数值。

14.4 广告计划管理 API 的使用

广告计划管理 API（Campaign Management API）适用于希望通过编程方式管理广告计划并获取数据报表的开发者。

借助广告计划管理 API 开发者可以管理广告计划、关键词组以及关键词，并获得广告报表，甚至可以根据需求自定义数据报告，如花费、下载等数据。同时，苹果明确指出，开发者、代理商或者第三方平台都可以通过 API 的形式管理投放方案和获得广告数据，所以只要有一定技术基础的开发者或者个人就可以使用这个 API 开发出一系列代管理功能，例如：

- 自定义报告。
- 获取数据到内部商业系统。
- 跨渠道管理广告计划。
- 自动出价管理。

在使用广告计划管理 API 时，需要注意其更新频率、时区设置等基本参数。

14.4.1 创建 API 证书

苹果搜索广告计划管理 API 的调用者必须使用客户端证书建立双向 ssl 授权认证。具体步骤如下。

1）登录苹果搜索广告系统。

2）点击页面右上角账户名称中"Settings"（创建）按钮，如图 14-3 所示。

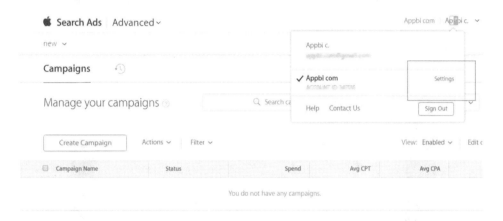

图 14-3　账户首页右上角为用户名

3）跳转至 Account Settings（设置）页面后，选择"API"选项，点击"Create API Certificate"（创建 API 证书）按钮，如图 14-4 所示。

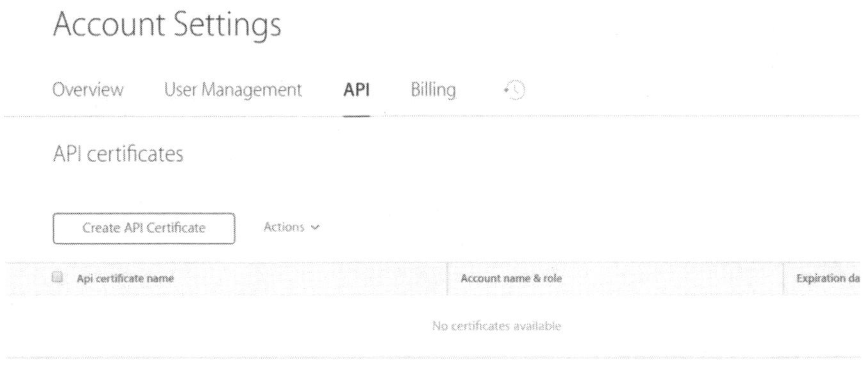

图 14-4　进入 Account Settings 页面

4）在"Create API Certificate"对话框中，输入"API certificate name"（证书名称）和管理权限，如图 14-5 所示。管理权限说明如下。

● Account Admin（账户管理员）：此权限为可管理账户中的所有广告组和广告

计划。

● Account Read Only（账户只读）：此权限为可查看账户中所有广告组和广告
计划。

● Limited Access（有限访问）：可针对具体的广告组设定为 Account Finance
（财务管理），Group Manage（广告组管理），Read&Write（读写）和 Read
Only（只读）权限。

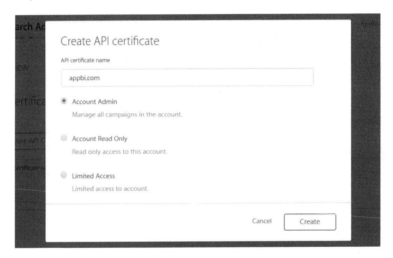

图 14-5　创建证书名称并选择管理权限

5）点击 "Create" 按钮，创建 API 证书。

下载通过上一步生成的.pem 证书和 .key 文件，通过终端使用 openssl 命令生
成.p12 证书。

```
1.   openssl pkcs12 –export –in <PEM_file>.pem –inkey <PRIVATE_KEY>.key –out
<FILENAME>.p12
```

14.4.2　调用 API

API 的调用有两种方式，一种是通过上面生成的.p12 证书，另一种就是通过下
载的.pem 证书。

1）通过特定的 orgId, compagim_id 和.p12 证书来获取 compaign。

```
1.   curl \
```

```
2.    --cert ./<FILENAME>.p12 \
3.    --pass <PASSWORD> \
4.    -H "Authorization: orgId=<ORG_ID>" \
5.    https://api.searchads.apple.com/api/v1/campaigns/<CAMPAIGN_ID>
```

2）使用下载的.pem 证书调用 API。

```
1.    curl \
2.    - E <FILE_NAME>.pem
3.    -- key <PRIVATE_KEY>.key
4.    - H "Authorization: orgId=<ORG_ID>" \
5.    "https://api.searchads.apple.com/api/v1/campaigns/<CAMPAIGN_ID>"
```

如果请求成功，返回的代码如下。

```
1.    {
2.    "data":[
3.    {},
4.    ...
5.    ],
6.    "pagination"{
7.    "totalResults": <NUMBER>,
8.    "startIndex": <NUMBER>,
9.    "itemsPerPage": <NUMBER>
10.   },
11.   }
```

如果请求失败，会有非 200 的状态码来标识失败种类并返回失败的信息。

```
1.    {
2.    "errorMessage": [
3.    {
4.    "messageCode": "<CODE>",
5.    "message": "<MESSAGE>",
6.    "field": "<FIELD>"
7.    },
8.    ...
9.    ]
```

```
10.  }
```

- 请求中的分页问题：

对于所有返回列表的请求，可以用 limit 字段来控制分页返回结果：

```
1.  curl \
2.  "https://api.searchads.apple.com/api/v1/campaigns?limit=<LIMIT>&offset=<OFFSET>"
```

- 请求中获取部分字段：

对于请求结果中如果只想获取特定的字段，可以使用 fields 字段来完成。

```
1.  curl \
2.  "https://api.searchads.apple.com/api/v1/campaigns?fields=id,name,adGroups.id,adGroups.name"
```

14.5 苹果搜索广告优化与 ASO 的互补

国内 iOS 端 App 以 ASO 推广为主，是开发者获取用户来源最重要的手段之一。2016 年 9 月苹果搜索广告上线后，逐步向欧美国家开放，何时能够登陆中国，还是个未知数，但不难想象，苹果搜索广告登陆中国后开发者的疯狂。那么，苹果搜索广告与常规优化之间是怎样的关系？苹果搜索广告登陆中国后，开发者是否需要继续 ASO？

答案是肯定的，就像互联网中的 SEO 与 SEM 一样，苹果搜索广告与常规优化不是敌对关系，而是相辅相成的"好兄弟"，只有两者相结合才能达到 1+1 > 2 的效果。

14.5.1 通过 ASO 提升广告效果

1. 通过文本信息优化提升竞价系数

苹果搜索广告"help"中明确说明 App 的文本信息能够对 App 与关键词之间的相关性产生影响。与 ASO 不同的是，除了 App 名称、副标题、关键词、分类、内购买之外，App 描述优化同样能够提升 App 与关键词之间的相关性。

这些元数据中权重最高的是关键词，关键词数量越多、排名越靠前，才能与更多的投放关键词相匹配，也就是相关性加强。相关性达到一定的指数，App 才有参与广告竞价的资格。根据苹果搜索广告竞价原理（竞价系数=相关性×出价）可知，较高的相关性能够降低 App 的竞价成本，提升 App 竞价成功的机率。

2. 转化率优化降低广告成本

苹果搜索广告的展示形式以 App 元数据为基础，开发者不能针对广告单独上传素材，也不能指定某一种展示形式。因而，广告能否被用户点击、下载，转化率优化就显得十分重要了。

当用户在 App Store 的搜索结果中看到蓝色背景且标有 AD 字样的广告，首先映入用户眼帘的是该款 App 的 Icon、App 名称、副标题、视频、截图等信息。而这些信息都属于 App 的元数据基础信息，开发者需夯实基础，使所有的元素都应高度符合 App 的功能特点和自身风格，并且颇具吸引力，才有可能得到用户的青睐，从而吸引用户进一步点击广告。

优秀 App 的 Icon、截图、视频、描述能够激发用户的下载冲动，提升 App 下载转化，降低获取成本。所以做好转化率优化事半功倍，可以有效降低广告成本。

14.5.2　苹果搜索广告弥补 ASO 的不足

苹果搜索广告产生的一些用户行为同样可以影响到 App 在 App Store 中的表现，主要是反映在榜单和关键词搜索结果排名方面。根据 AppBi 统计与分析，投放苹果搜索广告的 App 在榜单、关键词搜索结果排名方面均有明显的提升，这也说明苹果搜索广告的用户的行为数据均会被统计到 App Store 的整体数据中，并加以计算直接会影响相关的表现。

1. 有效提升榜单优化效果

苹果搜索广告带来的用户下载对 App 排行榜影响显著。榜单排名最重要的影响因素是一段时间内的 App 下载量，与榜单优化相同，苹果搜索广告能在短时间内为 App 带来大量下载，并且这些下载用户是真实用户，所使用的 Apple ID 权重高，后续留存、活跃、购买率高。因此，苹果搜索广告对榜单排名的影响可想而知。不同于积分墙用户，苹果搜索广告用户行为对 App 在榜单中表现的影响具有持续性，即使在广告暂停一周后，App 依然能够保持在较好排名范围内。

例如，某天气类 App 在 2017 年 9 月开始在美国地区投放苹果搜索广告，短短 1 天时间内，由 iPhone 天气（免费）类的 1330 名提升至 40 名。广告投放期间，该 App 的最好排名为 iPhone 天气（免费）榜 28 名，如图 14-6 所示。当停止广告投放后，这款 App 的榜单排名开始缓慢下滑，但在暂停投放后的第四天仍然在分类榜 429 名。

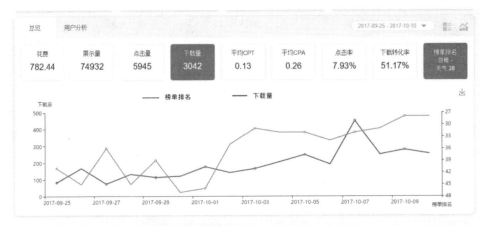

图 14-6　App 下载量与排名变化对比

2. 有效提升搜索优化效果

苹果搜索广告对搜索优化的影响主要体现在搜索结果排名和关键词数量两个方面。

苹果搜索广告为 App 带来的获取量都是用户通过"搜索下载"获取的，也就是用户一定是通过搜索特定关键词之后点击广告下载这款 App。这种方式与搜索结果排名优化原理是相同的，即利用影响搜索结果排名最重要的因素——搜索下载，提升 App 在特定关键词下搜索结果排名。苹果搜索广告用户为自然用户，所使用的 Apple ID 权重高，因此，苹果搜索广告对 App 的关键词搜索排名的提升效果很显著。

另外，随着 App 在关键词下搜索结果排名的提升，App Store 还会为 App 扩展、匹配更多的相关词汇，具体表现为关键词数量的提升。同样是上一款天气类的 App，投放苹果搜索广告期间，该 App 关键词覆盖数量由最初（2017 年 9 月 21 日）的 300+逐步提升至 500+，仅仅 20 天关键词就增加了 40%，如图 14-7 所示。增加关键词的类型主要为投放关键词的扩展词汇和用户搜索的其他关键词。

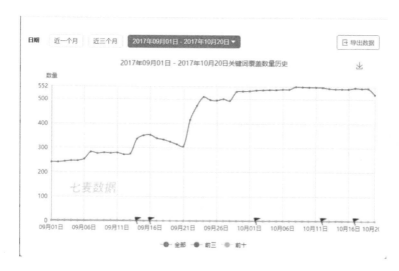

图 14-7　关键词覆盖数据历史

由此可见，持续投放苹果搜索广告对 App 的搜索优化有很明显的效果。

附　录

附录 A　AppBi 简介

AppBi——苹果搜索广告智能竞价和数据分析平台，AppBi（爱比）网站首页如图 A-1 所示。深耕于 App Store 数据分析与应用，积累了数百万的 App、关键词、搜索广告数据。AppBi 团队自主研发智能竞价算法，结合 App Store 大数据，为开发者提供简单而强大的苹果搜索广告智能投放系统及数据分析工具，旨在通过大数据及新科技智能帮助开发者更简单、高效地投放苹果搜索广告，让每一分钱花得更有价值。

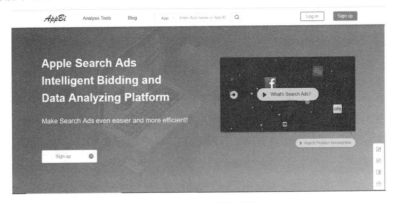

图 A-1　AppBi 网站首页

AppBi 平台分为两大业务板块：

1. 数据分析

● 应用分析，提供 180 万款美国区 App 的 App Store 数据。

- 关键词分析，提供关键词当天、三天、及近七天的广告竞品。
- 榜单分析，多维度提供苹果搜索广告竞价数据。

2. 广告投放

- 自助投放，更便捷、更人性化的 Search Ads 投放系统。接入苹果官方 API，实时同步 Search Ads 投放数据。用户可以自助创建广告、添加关键词等一系列操作，也可以选择开启和使用智能选词，智能出价、智能调价、数据评估等 AppBi 的独家特色功能。
- 智能托管，结合 App Store 数据及 AppBi 独家智能投放算法。通过机器模拟人工操作，无须用户亲自选词和调价，可实现 Search Ads 自动投放。24 小时监控，放心托管。

要了解更详细的内容可登录 AppBi 官方网站www.appbi.com。

附录 B 苹果应用商店 Today 报告（中国区，2018 年 2 月）

　　这里有一份关于苹果 App Store "Today"页面的数据分析报告（来自 AppBi:www.Appbi.com）。该报告诠释了 Today 上线以来的整体状况，首次全面统计分析了"Today"页面上线以来的数据，并且重点剖析了 Today 到底能带给 App 什么样的效果，帮助开发者更深入地了解 Today 精品推荐。

　　该数据报告（如图 B-1 所示）基于 2017 年 9 月 9 日（iOS 11 上线）至 2017 年 12 月 31 日（历时 113 天），中国区 App Store "Today"页面的所有数据。这一期间 Today 共发出 452 篇推荐，其中包含 30 篇重复的推荐，排重后的推荐有 412 篇，推荐 App 或游戏共计 1167 款，平均每天推荐 10 款 App 或游戏。

图 B-1 Today 数据报告

1. Today 故事推荐

（1）推荐主题

　　Today 这一期间推荐虽然有 412 篇，如图 B-2 所示，但是推荐主题仅仅只有 39 个，每日出现的推荐主题内容随机性较高，甚至包括英文主题。

　　其中，"今日游戏"、"今日 App"和"今日主题"为 Today 主题的 Top3，其次，"专题""小众精选"和"THE LIST"出现频次也较高。后三者主题一般会推荐 5 款以上 App。

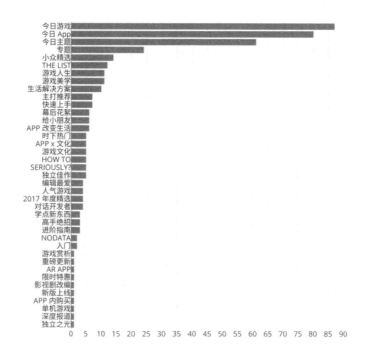

图 B-2　TODAY 推荐的主题

（2）独立推荐和打包推荐

每篇推荐并不是仅仅针对一款 App 或游戏，最多一篇文章共推荐 29 款 App。每篇文章推荐 App 的数量分布如下：

如图 B-3 所示，1 篇文章推荐 1 款 App 的情况最多，可见，App Store 编辑团队更倾向于用 1 篇完整的文章来讲述关于 1 款 App 的故事，而同时推荐多款 App 则更多地聚焦于同一类主题下的情况，例如，在"双十一"购物节期间，Today 推荐了以"清空你的购物车"为题的文章，其中推荐了多款购物类 App。

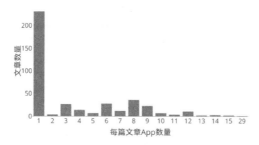

图 B-3　每篇文章推荐 App 数量

（3）最有效果的推荐 Top 10

据分析，如图 B-4 所示，以下主题文章推荐后的 App 或游戏榜单排名上升效果最显著。值得一提的是，以"对话开发者"为主题的文章推荐了一款名为《战争艺术：赤潮》的游戏，一经推荐，该款游戏的排名即上升了 1470 名，迅速名列前茅。

序号	主题	平均排名上升数	App图标	App名称
1	对话开发者	1470		战争艺术：赤潮
2	人气游戏	1437		站上塔楼
3	进阶指南	1437		1Password
4	SERIOUSLY?	1426		Squashy Bug
5	今日 App	1424		折扇
6	今日 App	1417		Folioscope
7	今日游戏	1413		Splashy Dots
8	高手绝招	1406		Darkr - 暗房，复古相机摄影和胶片
9	今日游戏	1402		帕丁顿熊™快跑
10	对话开发者	1394		Playdead's INSIDE

图 B-4　总榜（免费榜）排名上升幅度

（4）最优秀的故事内容

"Today"以故事内容撰写为主，因此，从故事撰写的角度出发，而非单纯依据其对 App 排名的影响效果，挑选出一篇最优秀"Today"故事内容，它是"游戏人生"——异星迷航（如图 B-5 所示）。

图 B-5　异星迷航 Today 封面图

标题：学好外星语，拯救全人类

副标题：语言是生存的利器。

摘选片段：*"你从冬眠中忽然醒来，孤独一人，待在一艘小小太空船里。作为原计划探索木星的宇航员，你不知为何被抛到了遥远的星系，太阳系在数万光年之外。你现在有两个目标：第一，飞回地球；第二，想办法搞明白发生了什么。你需要在太空里收集燃料、氧气和矿物。要弄清情况，你需要学习外星语。"*

用第二人称"你"引人入胜，让用户跟着小编的描述步入一个设想的环境中，并且当前的两个目标，那么用户一定想继续往下读，看看每个目标能带来何种结果。用户也可能想立即下载 App 体验一下在孤身一人在太空船的情景。

2. App 被推荐次数

在 Today 上线后的三个多月中，共推荐了 1167 款 App，根据如图 B-6 所示，其中绝大部分 App 仅有幸被 Today 推荐过 1 次，推荐次数超过 1 次的 App（303 款）约占总数的 1/4。如图 B-7 所示，列出了被推荐次数最多的 App。

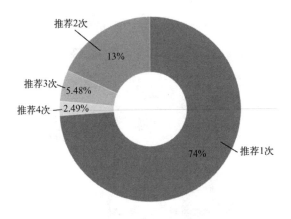

图 B-6　App 被推荐次数

被推次数最多的App列表

#	图标	App名称	次数	类型
1		Day One 日记+笔记	6	生活
2		纪念碑谷 2	5	游戏
3		Sleep Cycle Alarm Clock	5	健康健美
4		Klok-世界时间转换器小工具	5	效率
5		Bear-华丽书写笔记和文字	5	效率
6		潮汐 - 睡眠、专注与冥想催眠的白噪音番茄钟	5	健康健美
7		格志日记	5	生活
8		Bloom - 繪本	5	娱乐
9		说剑The Swords	5	游戏
10		辐射 避难所	4	游戏

图 B-7　推荐次数最多的 App

3. Today 推荐后的效果

经由 Today 推荐后的 App 的排名是否有明显上升呢？Today 的推荐是否可以帮助 App 带来更多的下载量和用户量呢？这应该是开发者最为关心的问题。下面是几组榜单数据：

根据数据显示（如图 B-8 所示），绝大多数 App 被 Today 推荐后榜单都会呈显著上升，有的甚至从默默无名首次冲入榜单，而只有极少数被推荐后出现了榜单下降的情况。

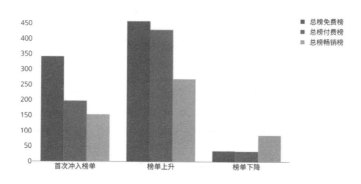

图 B-8　推荐前后榜单变化

（1）冲榜 App 数量

被推荐的 App 或游戏，在总榜免费榜、付费榜和畅销榜中均有不错的表现。如图 B-9 所示，几乎所有被推荐的 App 和游戏都冲入前 1500 名，个别冲入了总榜前 50 甚至前 10。

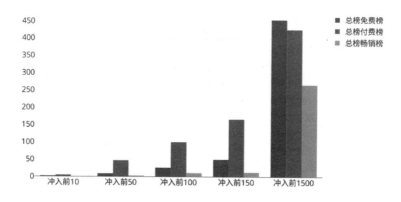

图 B-9　冲榜 App 数量

（2）最一鸣惊人 App

这里选择的一款 App，根据如图 B-10 所示，它在 Today 推荐之前榜单表现并没有很突出，但是被推荐后，冲到了榜单第 1 名，并且长期保持较好的名次。

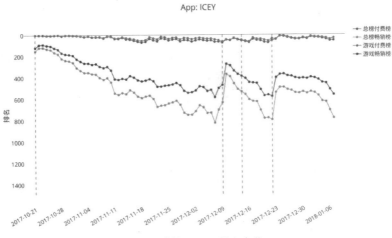

图 B-10 最一鸣惊人 App 排名变化——ICEY

4. 免费推荐的 App

在数据统计周期内，被 Today 推荐后始终没有进入任何榜单的 App 共 50 个，如图 B-11 所示，其中贴纸类似乎最"抗推"，占比 58.7%，其次为健康健美（10.9%）、教育（8.7%）和娱乐。

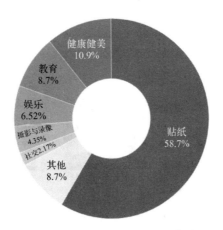

图 B-11 最"抗推"的 App 类型

5. Today 青睐的开发者

如图 B-12 所示，被推荐次数获得第一的是 XD.Network.Inc，旗下有 18 款 App 被 Today 推荐。XD.Network.Inc 最为大家熟知的就是游戏《去月球》。

TOP 10

#	Logo	开发者	次数
1	X.D. Network Inc.	X.D. Network Inc.	18
2		Dr. Panda Ltd	16
3	GAMELOFT	Gameloft	15
4		Noodlecake Studios Inc	13
5	HERO 英雄	Hero Entertainment	13
6	TINYBOP	Tinybop Inc.	13
7	DEVOLVER	Devolver Digital	12
8	BUDGE	Budge Studios	11
9	TOCA BOCA	Toca Boca AB	10
10	KONGREGATE	Kongregate	9

图 B-12 Top 10 开发者名单

6. 不为人知 Today 那些事儿

32 位 App 也来 iOS 11 凑热闹？Today 也曾推荐过一些非常老的 App，并且这些 App 有一些竟然是 32 位 App，这些 App 在只支持 64 位的 iOS11 身上根本看不到，所以推荐了也白推荐。如图 B-13 所示，有一些 App 的上架时间则在 3000 天前（9 年前）……

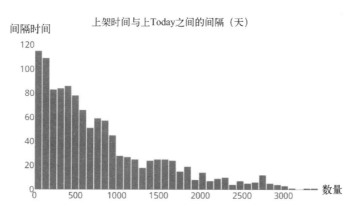

图 B-13 App 上架时间与上 Today 之间的间隔

以上是 AppBi 为各位开发者、运营、推广人员整理的关于 Apple Today 的数据分析报告，希望可以对各位开发者深入了解 "Today" 页面有所帮助！

附录 C 苹果搜索广告市场研究报告（时间：2017 年 9 月）

如图 C-1 所示，2016 年 9 月，苹果推出搜索广告业务，立刻吸引了广大开发者的注意。据 AppBi 监测，截至 2017 年 8 月底仅美国区就已经有超过 1.1 万款 App 投放了苹果搜索广告。

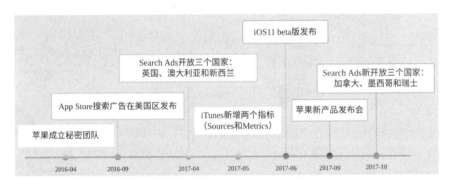

图 C-1　搜索广告发展历程

为了帮助广大开发者洞察苹果搜索广告市场，AppBi 对长期积累的海量数据做了梳理。以下内容首先将介绍 App Store 的现状；然后，基于 App 的实际投放数据，探查苹果 App 市场的规律。

C.1　App Store 现状

1. 每月上架 App 数量

截止 2017 年 9 月，AppBi 监测到美国区 App Store 共有 1792833 款 App。其中 2017 年 8 月份新上线 App 数量是 43038 个。App Store 仍然对全球移动 App 开发者们有着强烈的吸引力。

如图 C-2 所示，是 App Store 上线至今，每月新上架的 App 数量（剔除了苹果下架的 App）。2017 年以来平均每月新上架的 App 数量为 4 万～5 万。其中，2016 年 8 月的数量反常的低，而同年 9 月份的数据又反常的高，我们猜测这是由于苹果内部原因推迟了当年 8 月份 App 审核造成的。

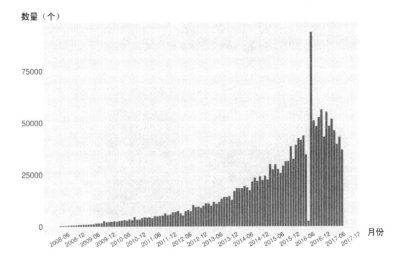

图 C-2　每月上架 App 数量

2. App 更新情况

为了保证 App Store 中的 App 质量，苹果自 2016 年 9 月份开始持续清理"僵尸"App。据 AppBi 监测，苹果平均每日下架 App 2000 款左右，累计下架了超过 100 万款的 App。受益于这一举措，如图 C-3 所示，App Store 中最近一年有过更新的 App 占比超过了 50%。

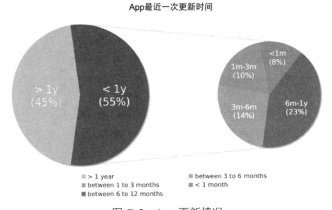

图 C-3　App 更新情况

3. App 评分

如图 C-4 所示，App Store 中，85% 以上的 App 没有足够的评价计算评分，4 分及 4 分以上的 App 数约占 App 总数的 8%。大部分 App 没有评分，但是如果一个 App 有评分，那么它的评分就有 73%以上的概率大于 3 分。

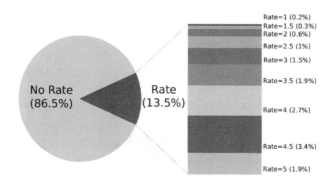

图 C-4   App 评分

4. App 分类占比

如图 C-5 所示，在 AppBi 监测的近 180 万款 App 中，占比最多的是游戏类 App，约占 20%。在 25 个分类中，App 数排名前四的游戏类、商务类、生活类和教育类的 App 总数为 868887，约为所有 App 的 48.5%。

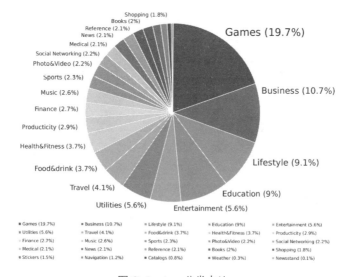

图 C-5   App 分类占比

5. 开发者概况

共 438672 名开发者贡献了上面这些 App。如图 C-6 所示，58.9%的开发者只上架了 1 款 App，94.6%的开发者上架 App 数量小于等于 10 款。我们按上架 App 数量对开发者们进行了分组，同时统计了每组开发者们贡献的 App 总数，以及高评分 App 总数（评分大于等于 4 分）：

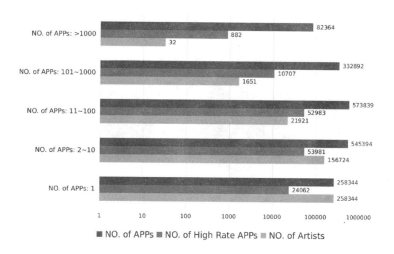

图 C-6　开发者情况

有 32 个开发者账号上架了超过 1000 款 App，其中上架 App 数最多的高达 7 千多款。如图 C-7 所示，列出了上架 App 数量排名前十的开发者的上架 App 数，以及其中的高评分 App 数。

Artist	NO. of APPs	NO. of High Rate APPs
MINDBODY,Incorporated	7633	111
weiqiang fu	5424	0
ChowNow	5380	12
CrowdCompass, Inc.	4909	4
eChurch Apps	4690	38
Nobex Technologies	4100	47
Subsplash Consulting	3938	590
Offline Map Trip Guide	3625	0
Magzter Inc.	3371	36
SKOOLBAG PTY LTD	3263	0

图 C-7　上架 App 数量排名前十的开发者

C.2 搜索广告市场分析

1. 投放 App 更新和评分情况

AppBi 跟踪监测了 11808 款 App 的投放情况，如图 C-8 所示，显示了参与搜索广告投放的 App 更新情况：87%的 App 在最近一年内有过更新，这一数字在整体 App 中是 55%。

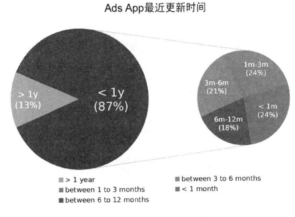

图 C-8　投放 App 更新

如图 C-9 所示，有广告投放的 App 中高评分 App（Rate≥4）占 50.9%，而同样的数字在全体 App 中仅为 8%。

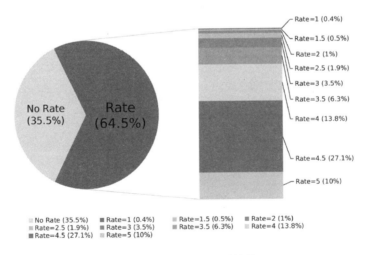

图 C-9　投放 App 评分情况

2. 投放 App 分类占比

如图 C-10 所示为有广告投放的 App 中各类占比。对比所有 App 中的占比图，我们可以发现分类的排名略有变化，这暗示不同类别的 App 参与搜索广告的程度略有不同。

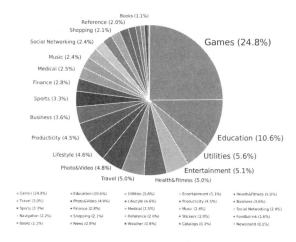

图 C-10　投放 App 分类占比

如图 C-11 所示为有广告投放的 App 在各自分类中的占比。天气类（1.7%），图片类（1.3%）和地图类（1.2%）的参与比例相对较高。

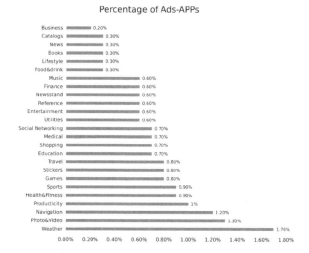

图 C-11　投放 App 分类占比

3. 投放词分配

如图 C-12 所示，我们将有广告投放的 App 按照累计投放词数量分组（纵轴），横轴表示相应分组的 App 数量。

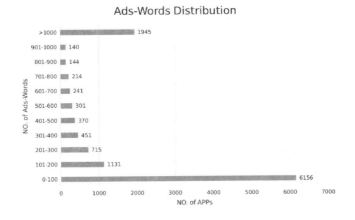

图 C-12　投放词分配

6156 款 App 的投放词在 100 个以内，随着投放词数量的增加 App 数量会减少，但是减少的速度会越来越缓慢。这使得投放词量很大的 App 数量仍非常可观——累计投放词数量超过 10000 个的 App 有 88 款。其中投放词数量排名第一的 App 在超过 30000 个词下有广告展示。如表 C-1 所示，我们给出了投放词数量排名前十的 App 信息，其中 6 款 App 属于游戏类。

表 C-1　投放词数量前十的 App

	APP	APP ID	NO. of AD. Words	Genre	Artist
	Bike Race: Motorcycle Racing	510461758	30177	Games	Top Free Games
	Find My Family, Friends, Phone	384830320	28789	Social Networking	Life360
	CSR Racing 2	887947640	26632	Games	Natural Motion
	Pixel Gun 3D	640111933	24963	Games	Cubic Games

（续）

	APP	APP ID	NO. of AD. Words	Genre	Artist
	Golf Clash	1089225191	24121	Games	Playdemic
	Gardenscapes	1105855019	22564	Games	Playrix Games
	Printicular Print Photos – 1 Hour Pickup	570103834	21977	Photo&Video	MEA Mobile
	Episode – Choose Your Story	656971078	21111	Games	Episode Interactive
	Waze Navigation & Live Traffic	323229106	20491	Navigation	Waze Inc.
	Google Photos	962194608	19921	Photo&Video	Google, Inc.

4. 平均投放时长

如图 C-13 所示，我们将所有参与投放的 App 按照投放天数分组（纵轴），横轴表示相应分组的 App 数量。36.7% 的 App 投放天数小于 10，16.5% 的 App 则持续不断地投放广告。

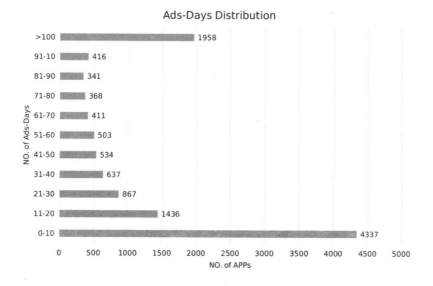

图 C-13　平均投放时长

C.3 苹果 App 搜索广告市场的特性

1. 用户体验

苹果历来十分重视用户体验，这次推出搜索广告业务也保持了相当程度的克制。据官方称，搜索词与 App 的相关性是广告竞价中的一个重要因素，以避免推送相关性较差的广告影响用户体验。这一举措使得苹果搜索广告可以做到 15%左右的点击率和 60%左右的转化率，是相当不错的数字。

但同时 AppBi 注意到，苹果相关性算法仍需要进一步完善。我们测试发现，有些非常相关的词在合适的竞价下仍然无法竞价成功；同时苹果自动匹配的词有 40%左右的相关性较弱，实际点击率偏低。

2. 支持语言

目前苹果搜索广告业务只在美国、英国、澳大利亚和新西兰上线（现在已扩展到 13 个国家，参见正文相关内容）。据苹果官方称，目前仅支持英语作为投放词。但是 AppBi 监测发现已经有少量其他语言的搜索词投放了广告。我们猜测苹果方面正在做相关的测试，不久搜索广告业务会支持更多的语言并在全球范围内上线。

3. 归因 API

评估广告效果的一个重要方法是对转化做归因分析。苹果为开发者们提供了相关 API 用于统计广告点击和转化情况，为投放者们提供了便利。同时，苹果也最大限度的保护用户的隐私，用户可以选择关闭广告追踪使归因 API 失效。如何更好地平衡用户和开发者的利益将是苹果需要面对的一个问题。

4. 结论

（1）苹果 App 市场仍然很有活力，AppBi 认为搜索广告业务的潜力是巨大的。

（2）搜索广告业务仍然在完善的过程中，尤其是对用户和开发者都十分重要的流量分配算法。

（3）广告投放 App 初步显现两极分化的趋势，总体上仍然只有少部分开发者参与了投放，但是部分开发者/开发商已经开始持续大规模地投放搜索广告。